ユーザー重視のWebサイトを5つの視点で実現する

これからはじめる

SEO顧客思考の教科書

THE TEXTBOOK OF CUSTOMER THINKING

瀧内 賢 SATOSHI TAKIUCHI

技術評論社

はじめに

まずは「顧客思考」という言葉について、
最初にご説明させていただきます。

「顧客思考」という言葉を用いたのは、
本書の主旨や意図を表現する上で、
内容を適切に伝えられる言葉であると考えたからです。

巷の情報やGoogleの発言などに振り回されすぎて、
物事の本質的な部分を、見逃していることはないでしょうか？
SEOにおけるもっとも重要な側面を、忘れてはいないでしょうか？

現在の状況下で、もう一度立ち返って考えてみるべきこと。
それは、

「Googleのうしろに誰がいるのか？」

ということです。
そして、その答えはもちろん、インターネットユーザーです。

ならば、徹底した顧客重視の視点でサイトの改善を追究することが、
長期に渡って結果を出し続けるための施策につながるのではないか。
Googleのうしろにいるはずのユーザーを軸として、SEOの施策を考えること。
これが、「SEO顧客思考」の意味なのです。

「顧客思考」という概念の下、Webサイトの全体像をより明確に理解し、

それをどう捉え、対処していくのかという姿勢が、
Web 制作業者をはじめ、サイト運営者においても、必要不可欠な要素です。

目の前にある物を、私たちは本当に高い精度で見ているでしょうか？
Web サイトも、目の前に存在している物と同様、多角的視点で考え、
進むべき方向性や意義などを思考していかなければいけません。

本書では、Web サイトに対するこうした多角的視点を
5 つの分野に分けて解説していきます。
この 5 つのポイントを頂点とした五角形（ペンタゴン）を織り成し、
バランスを保つことで、はじめて SEO の最大効果を発揮できるのです。

時代の流れとともに、SEO における施策の数は増える一方です。
しかし、Google の目指す理想や未来像が理解できているのであれば、
仮に途上であったとしても、そのベクトルだけは推し量ることができるはずです。

また、このような姿勢を今後の施策に取り入れていくことで、
アップデートの度に一喜一憂することもなくなるはずです。

最後にあらためてお伝えしたいこと。それは、身の回りで起こる事象と同様、
SEO は数多くの要素とそれらのバランスで成り立っているということです。

本書を、「辞書」のような位置づけで Web サイトの制作現場や
ご自宅の書棚に置いていただき、必要な時に必要な箇所だけでも
ご活用いただければ幸いです。

瀧内　賢（たきうち　さとし）

CONTENTS

第1章 SEO顧客思考の基本を知る

第2章 「Webサイト設計」で顧客思考のSEOを実践する

第3章 「Webサイトデザイン」で顧客思考のSEOを実践する

「HTML&CSSコーディング」で顧客思考のSEOを実践する

「Webライティング」で顧客思考のSEOを実践する

第6章 「Webサイト運営」で顧客思考のSEOを実践する

第7章 「スマホ対応サイト」のSEO顧客思考を考える

免責

本書に記載された内容は、情報の提供のみを目的としています。したがって、本書を用いた運用は、必ずお客様自身の責任と判断によって行ってください。これらの情報の運用の結果について、技術評論社および著者はいかなる責任も負いません。
本書記載の情報は、2015年6月現在のものを掲載しています。Webサイトの画面やサービスなど、ご利用時には変更されている場合があります。
以上の注意事項をご承諾いただいた上で、本書をご利用願います。これらの注意事項をお読みいただかずに、お問い合わせいただいても、技術評論社および著者は対処しかねます。あらかじめ、ご承知おきください。

商標、登録商標について

本文中に記載されている会社名、製品名などは、それぞれの会社の商標、登録商標、商品名です。
なお、本文に™マーク、®マークは明記しておりません。

第1章

SEO顧客思考の基本を知る

SEOに取り組むうえで、今後もより一層必要となっていくであろうこと、それは、「顧客目線」でWebサイトを見ていくということです(Googleの立場になって考えれば、容易に理解できると思います)。
なぜならば、閲覧者に支持され、他の検索エンジンと差別化できるような評価が得られなければ、これまで築いてきた確固たる地位も脅かされることとなるからです。
反対に、その背景や本質がよく見えているのであれば、アップデートなどの発表に、一喜一憂することもありません。
このように、いかにして…相手の気持ちを計り知ることができるか？ということが、今後のSEOにおいて不可欠な素養となっています。
お客様の目線できちんと「思考する」こと、これがSEOの醍醐味となっています。

LESSON 01 SEOはシンプルなものだと理解しよう

SEOを難しく考えていませんか？

この本を読んでいる皆さんは、「SEO」というものについて、どのような印象をお持ちでしょうか？

「わからない」
「むずかしそう」
「なんだかあやしい」
「なかなかうまくいかない」
…

などと、ネガティブなイメージを持たれている方も多いのではないでしょうか？
SEOというと、実際に何が行われているのかが見えず、

なんだかとても難しいことをやっているのでは？

と思われがちです。

SEOというのは複雑で、初心者には手に負えないもの…というイメージがあるかもしれません。

そしてSEO業界全体が、これまでそのイメージを強調するようなことばかり行ってきた、ということもその一因なのかもしれません。

しかしまずは、今抱いているSEOに対する考え方を、頭の中から一度リセットしてみてください。その上で、SEOとは、本当はシンプルなものなのだ、ということを頭の中に叩き込んでほしいのです。
「SEOがシンプル？」と思うかもしれません。しかしもう一度言います。

SEOはシンプル、単純明快なもの

なのです。なぜSEOはシンプルなのか？
それは、施策の根底に流れている判断基準が、

ユーザーの利便性において優れた作りや内容となっているか？

ただそれだけでしかないからです。

勝ち残ったのはGoogle

今でこそ、検索エンジンといえばGoogleという時代となっています。
しかし少し前までは、Googleは数ある検索エンジンの中の一つでしかなかったのです。

その数ある検索エンジンの中で、勝ち残ったのはGoogleでした。
なぜでしょうか？

私が考えるそのもっとも大きな理由は、Google が

ユーザーが知りたい情報をもっとも適切に見つけてくれる

検索エンジンだったからです。
キーワードを入力して検索した時、自分が知りたい情報が見つかるのは、どの検索エンジンか？　その答えがGoogle だった。
その結果、ユーザーがGoogle を選んだ、ということです。

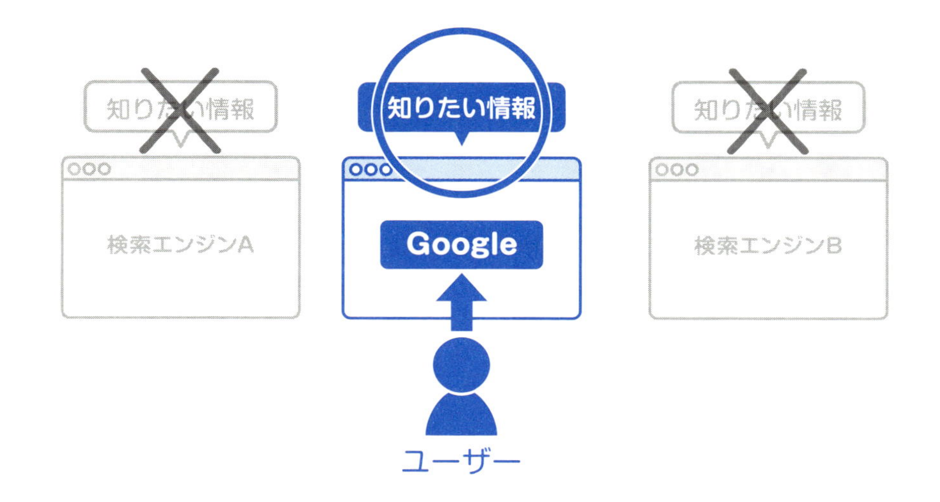

であるとすれば、Google にとって

ユーザーが知りたい情報が載っているページを上位に表示すること

がもっとも重要なのです。

SEOはシンプルである

このように考えると、「SEOがシンプルである」その理由も、よく理解できるはずです。SEOとは、「自分のWebサイトはユーザーが知りたい情報が載っているWebサイトですよ」ということを、Googleに適切に伝え、それによって検索結果の上位に表示してもらう。ただそれだけを目的とする技術である、ということになるのです。

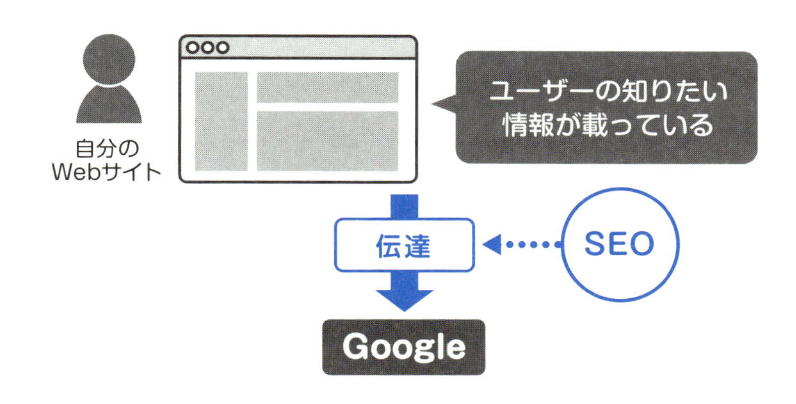

非常にシンプルだと思いませんか？　そしてこのシンプルな考え方こそが、

SEOを成功に導くための大原則

なのです。

顧客思考トレーニング

- SEOはシンプルなものであると理解しよう
- Googleが実現したいことを知ろう
- Googleが見ているのは誰かを知ろう

LESSON 02 SEOの肝はユーザー目線であると知ろう

人間でなければ判断できない

すでに述べた通り、検索エンジンは、

ユーザーにとって有益なWebサイト

を検索結果の上位に表示させたいと考えています。
そのためには、「ユーザーにとって有益なWebサイト」とはいったいどのようなWebサイトなのかをルール化しなければなりません。
そして検索エンジンは、そのルールにもとづいて実際のWebサイトを判断することになります。

本来であれば、そのWebサイトが有益であるか否かの判断は、人間が行うのが自然です。例えばYahoo!のディレクトリ検索では、申請を受けたWebサイトの内容をYahoo!のスタッフが実際に見て判断し、「よいWebサイト」だと判断した場合にのみ、ディレクトリに登録しています。それぞれのWebサイトが、ユーザーにとって有益なのかどうかは、

人間でなければ本当には判断できない

はずだからです。

Googleが目指すところを知る

しかし、星の数ほどある多くのWebサイトを、人間が一つ一つ確認して順位を決めていくことは、現実的に不可能です。Yahoo!カテゴリのように登録制の検索サービスであれば数を限定することで対応できますが、全世界のWebサイトをくまなくチェックしてランキングを行うGoogleで同じことを行うのは不可能です。
そこでGoogleは、Webサイトが有益であるかどうかの判断のほとんどを

ロボットに委ねている

のです。そして、検索エンジンの判断＝多数意見を集約した人間の評価となるのが理想なのですが、実情はやむを得ず、

検索エンジンの判断≒多数意見を集約した人間の評価

となっているわけです。

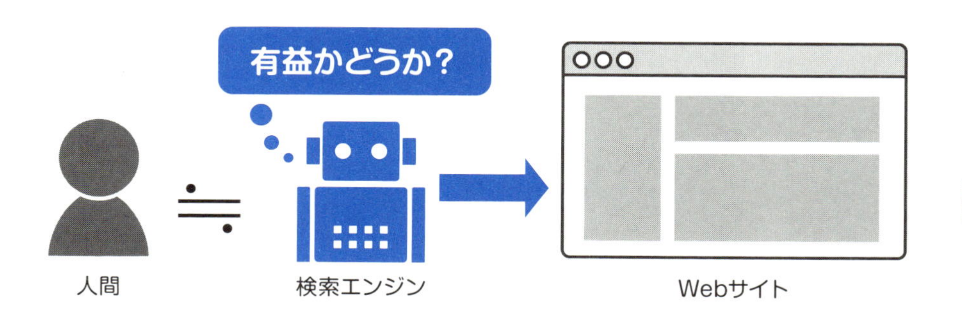

技術革新に伴い、本当にユーザーに支持されているWebサイトの優劣をつける領域まで検索エンジンの精度を上げていくこと、つまり「検索エンジンの判断＝多数意見を集約した人間の評価」へと近づけていくことが、Googleの目指すところのはずです。

しかし、いかに検索エンジンが改良を重ね、その判断が人間に近いものとなってきたとしても、それは決して「人間の判断＝検索エンジンの判断」ではありません。あくまでも「人間の判断≒検索エンジンの判断」なのです。

そこで検索エンジンは、「ユーザーにとってそのWebサイトが有益であるかどうか」を

コンピュータが判断できる形にルール化

した上で、Webサイトの評価基準としています。

ユーザーにとって有益かどうか？

このことから、SEOを学ぼうとされる皆さんには、次のように考えていただきたいのです。それは、

検索エンジンがWebサイトを判断するときのルール

を知らなければならないということです。そしてこのルールは、Googleが考える

「ユーザーにとって有益かどうか」という判断基準に則っている

ということです。

つまり、Googleのルールを理解し、それに則ってWebサイトを制作することが、結果的に、ユーザー＝人間にとってわかりやすく、やさしい作りのWebサイトになる、ということへとつながっていくのです。
そのため、検索エンジンのうしろには、ユーザーがいるということを理解しておいてください。

顧客思考トレーニング

- 自分のWebサイトがユーザーにとって有益かどうかを考えよう
- 目の前にいるのは検索エンジンであると知ろう
- 検索エンジンのうしろにはユーザーがいることを知ろう

LESSON 03 アップデートに振り回されるな

アルゴリズムの変更にどう対処するか

2012年、Googleは「ペンギンアップデート」を発表しました。これは、品質の低いリンクの評価を下げ、場合によっては無効化するアップデートでした。
また2013年9月に公表された「ハミングバードアップデート（会話型検索）」により、Googleは今まで以上にコンテンツの背後にある意味も理解できるようになったといわれています。
さらに2015年4月には、スマホ対応サイトか否かが、アルゴリズムに組み入れられることになりました。
こうしたアルゴリズムの変更は頻繁に行われ、小さいものまで入れると、年間数百回前後行われているのではないか…？　ともいわれています。
その結果、Webサイトの順位が上下動することがたびたびあります。

しかし

こうしたアップデートに一喜一憂する必要はない

というのが私の考えです。なぜでしょうか？

優れたコンテンツの基準を考える

例えば「ハミングバードアップデート」のように「今まで以上にコンテンツの内容を理解できる」という情報だけでは、今後どのように改善すればよいのか、多くの方にとってはよくわからないのではないかと思います。

しかし、Googleの現状とその立場になって考えれば、答えは自ずと出てくるものなのです。つまり、先の

検索エンジンの判断≒人間の判断

に戻って考え、「コンテンツの内容が優れている」という人間の判断を、Googleはどのようにルール化しているのかということを分析し、考えてみるわけです。

「コンテンツ」は、ただ単に、自分でよいと思うような文章を書けばよいというものではありません。ユーザーが欲している情報が、関連する情報とともにわかりやすい位置にあり、かつ、的を射ている。しかも豊富な情報が得られてユーザーストレスが少ない…そんなWebサイトが、閲覧するユーザーにとっての有益なコンテンツであるはずです。

そして、このような「優れたコンテンツ」の基準を、Googleはルール化しています。われわれは「優れたコンテンツ」を、検索エンジンの仕組みに則った形で表現することが、重要なのです。

検索順位を判定する相手が、ある一定のプログラムの範囲でしか動けないロボットだからこそ、いかなるアップデートであっても、そこには具体的なルール、そして施策が、必ず存在しているのです。

今後どのようなアップデートが行われようと、

ユーザー≒検索エンジンが「有益である」と判断するWebサイトを作ること

が、SEOの大原則である、という考え方は変わることがありません。

このように、常に「検索エンジンの判断≒人間の判断」に立ち返って考えることによって、この先も頻繁に改変されるであろうと予想されるアップデートに振り回されることなく、よりよい結果を招き入れることができるはずです。

これが、本書が推奨する

顧客思考のSEO

なのです。

顧客思考トレーニング

- アップデートの根底にあるものを理解しよう
- 有益なコンテンツとは何かを知ろう
- 常に顧客思考に立ち返って考えよう

LESSON 04

これからのSEOに必要な知識

Web業務全般の知識が必要になる

それでは、こうしたSEOの施策を行うにあたって、具体的にどのような知識が必要なのでしょうか？これまで重要と考えられてきたのは、Webサイト作成に際する知識です。
例えばHTMLやCSSに関する知識が不足していれば、ソースコードにまつわる対策を施すことはできません。とはいえ、こうしたHTMLやCSSに関する知識については、Web業務の入口として基礎的なHTMLやCSSの学習を行った方ならば、それ程難しいものではありません。
むしろ、今後より重要になりつつあると考えられるのが、

Web業務全般に関わる総合的な経験値の差

です。それは、SEOの施策の範囲が、拡大傾向にあるからです。

ひとくちにWeb関連の業務といっても、その範囲はとても広く、必要とされるスキルは大きく異なります。Webデザインという業務であれば、グラフィック系ソフトで全体のデザインを制作するデザイナーと、HTMLやCSSなどでソースコードを構築するコーダーに分かれるのが一般的です。
Web担当者であれば、Webサイト制作は外注し運営のみ自社で行う場合や、ディレクター業務のみを行う場合、SEOを専門に行う場合など、会社によって業務の範囲・役割は様々です。

ここで強く言いたいのが、現在必要となるSEOの施策は、

コーダーやデザイナー、ディレクター等の英知を集めてはじめて結果を出すことができる場合がある

ということです。
これが、一昔前の単純な施策で十分であった頃のSEOと異なる点です。

業務別に必要となるSEOの施策

ここではWebに関わる様々な業務別に、SEOという観点からそれぞれどのような施策が必要になるのかということを、お話ししたいと思います。

❶デザイナー

検索順位のアルゴリズムにおいて、"読み込み時間=Webサイトの表示時間"も関係しています。この読み込み時間を改善していく中で、画像ファイルに着目すると、デザイナーは、最適な画像形式を選定のうえ、画質をなるべく落とさずファイルサイズを軽くすることが必要です。

❷コーダー

コーダーは、リンク切れやソースコードエラーなどをなくし、ソースコードを適正な形へ整えることが重要です。ユーザーの利便性を考慮したコーディングを行い、不適正と判断されるようなコードを排除したり、記述順序を入れ替えたりする必要があります。

❸Webディレクター

Webディレクターやプランナーは、市場を把握し、コンテンツの主題やWebサイト階層の企画、およびロングテールを意識したWebサイト設計

を行うことが重要です。また、検索キーワードの抽出やその効果測定など、SEO、SEMを意識した戦略を策定する必要があります。

❹ Webライター

ページ内の記事内容は、SEOにとっての重要性が増しています。魅力的な文章を書くだけではなく、SEOを考慮した文章作成能力が求められます。検索キーワードを適切に入れ込みつつ、ユーザーにとって有益なコンテンツを作成する必要があります。

❺ Web担当者（専任のSEO担当者）

新規Webサイトの作成やWebサイト改善時に、❶～❹までの担当者との間で、イニシアティブを取りながら進めていく必要があります。更新ページの内容をチェックの上、適切に書き換えたり、スケジュールにもとづいて適切なリンクを施す等、全体の動きや現在の状態が把握できていなければいけません。

上記の業務は、ほんの一例にすぎません。❶～❺以外に、プログラマーなどシステム関係の知識が必要とされる業務もあります。一昔前までとは異なり、SEOに関わる施策の幅や量は膨大に膨れ上がってきました。そのため、SEOの責任者はこれらの業務担当者を兼任、もしくは統括した上で、作業を行っていかなければいけません（❶～❺の作業分担は、会社によって異なる場合があります）。特にSEOの担当者は、❸～❺の知識を有し、積極的に関わっていくことが大切です。

外部Webサイトからのリンクを大量に張ることや、meta要素にキーワードを入れ込むといった、旧来のSEO業務で十分だった時代と比較すると、

今や状況は大きく変化している

のです。

これらの知識や業務の経験を、幅広く持っているほど、SEOを行う上での武器となります。デザインやコーディング、ディレクションなどの幅広い知識を持つことで、「Webサイト改善」の対処法において、総合的な考えがまとまり、機転を利かせることができます。

SEOを成功に導く5つの視点

ここからは、SEOに取り組む上で、Webサイト制作の様々な段階において必要となるであろう、顧客思考の5つの視点について解説していきます。

視点1 Webサイト設計編

Webサイトの設計段階として、最初にWebサイトのテーマやキーワード、サイト構造、ページ構成といった全体像を固めることが必要です。その前提として、Googleの目指す内容に即した構造になっているかどうかということを基準に、Webサイトを作成していくことが重要です。

視点2 デザイン編

Webサイトの設計が完了したら、デザインを施します。ここでは特に、Webサイトの表示にかかる時間とSEOとの関わりについて意識する必要があります。そのため、画像の使用においては、使用方法や使用数を配慮します。また、キーワード調整においても、画像を上手に活用することが求められます。

視点3 コーディング編

デザインが描けたら、HTMLやCSSなどで、ページを作り込んでいきます。SEOにおいて、テキスト等のコンテンツを活かし、支えているのが、プラットホームの役割をなすソースコードです。GoogleにPRする上でも、適切なソースコード・タグが重要となります。

視点4 コンテンツ編

昨今のSEOは、コンテンツの重要性が増す傾向にあります。準備するコンテンツは、ユーザーから必要とされる内容でなければなりません。ユーザーが必要とする情報がどのようなものであるかを分析した上で、コンテンツを作成していくことが重要です。

視点5 運用・管理編

SEOには、これで完成というゴールはありません。その理由の一つとして、競合Webサイトとの兼ね合いがあります。競合Webサイトが変化すれば、それを受けて自社のWebサイトの改善が必要になるかもしれません。植物に水を与えるのと同様に、Webサイトそのものを手塩にかけて育てていく（運用・管理）ことや、Webサイトの置かれている周辺環境を整備することが必要です。

本書では、これら5つの視点でSEOに取り組んでいきます。

現段階で、これらのことについてご経験がなくても心配はいりません。本書では、これまでSEOにまったく関わったことがない方にも配慮して、具体性を持って説明していきます。摩訶不思議と思われるかもしれないような理屈や、必要ない業界用語の使用を避け、抽象的と思われないように気をつけていきたいと思います。

それでは、顧客思考のSEOを始めましょう！

顧客思考トレーニング

- Web業務全般の知識を得よう
- コーダー、デザイナー、ディレクターなどの英知を集めよう
- SEOに取り組むための5つの視点を知ろう

第2章

POINT 1

「Webサイト設計」で顧客思考のSEOを実践する

Web サイト設計とは、Web 戦略として置き換えることもできます。
本来目指すべき方向性や、計略そのものが誤っていたとしたならば、その内部における戦術がいかに優れていようとも、大きな力を発揮することはできません。
身近な例を挙げると、社長の指針や方向性が間違っていれば、その枠の中で…いくら優秀な社員が頑張っても、徒労に終わってしまうかもしれません。
その意味で、サイト設計は、核（＝中枢）であり、基軸としてしっかり固定されることが理想です。
そして、お客様が求めているもの・需要は何なのか？　ということが、サイト設計の「起源」として、前提にあるべき思想です。

Webサイトのテーマとキーワードを選択しよう

サイトテーマを決定する

この章では、SEOを念頭に置いたWebサイト設計の方法を解説していきます。Webサイトを設計していく上で、最初に考えなければならないこと、それは

上位表示させるためのサイトテーマを決定する

ということです。
ここでいう「サイトテーマ」とは、わかりやすくいうと、

Webサイトの目的(事業目的・内容)

のことです。

あなたの会社のWebサイトが、何を目的とするものなのか？
商品を売ることが目的なのか、会社の情報を案内することが目的なのか。
商品を売ることが目的だとすれば、それはどんな商品なのか？

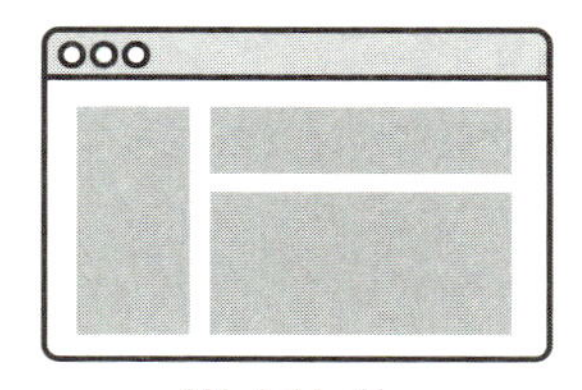

こうしたWebサイトの目的は、抽象的な言葉では、Webサイトの訪問者に十分に伝えることができません。商品名、ジャンル、地名など、

具体的なキーワードに落とし込む

ことが必要になるのです。Webサイトのテーマを具体的なキーワードで表現することによって、

❶ユーザーが求めていること
❷ Webサイト運営者が伝えたいこと

を結びつけることが可能になります。
そして、このようなWebサイトテーマを明確に表現するキーワードこそが、

検索結果の上位表示を狙うキーワード

になるのです。

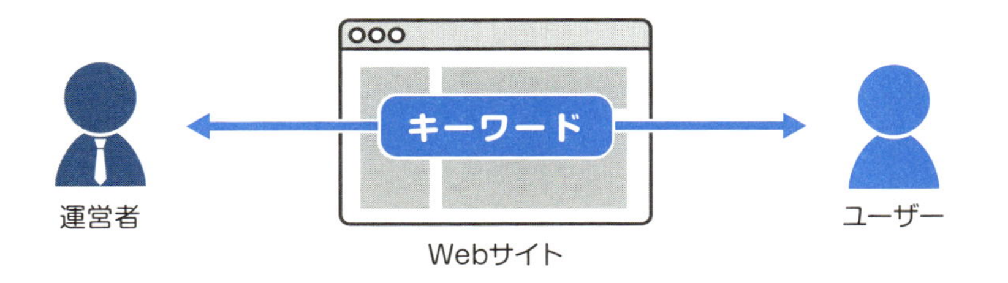

Webサイトのテーマとキーワードの関連性

ここで、具体的な例をもとに、Webサイトのテーマとキーワードの関連性について考えてみましょう。

私が現在住んでいる福岡県の最南端には、大牟田市が位置しています。
例として、この大牟田市で美容室を経営しているWebサイト運営者が、

「美容室 福岡」というキーワードを抽出し、上位表示を狙っていた

とします。つまり、Googleの検索欄に「美容室 福岡」と入力したユーザーを自分のWebサイトに誘導したい、と考えたのです。

それでは、実際にそのWebサイトが「美容室 福岡」というキーワードで上位表示されたとして、それが集客においてどれほどの効果をもたらすでしょうか？

大牟田市から福岡県の中心都市である福岡市までの距離は、（経路にもよりますが）約70～80km程です。「美容室 福岡」で検索したユーザーにとって、仮にこのWebサイトが上位に表示されたとして、70kmも離れた場所まで、わざわざ行く価値を見い出せるでしょうか？

遠く離れた美容室に行きたいと思わせるような、特別なアピールポイントがない限り、「美容室 福岡」の検索結果の上位にWebサイトが表示されたとしても、この店舗に関しては成功につながるとは考えにくいでしょう。

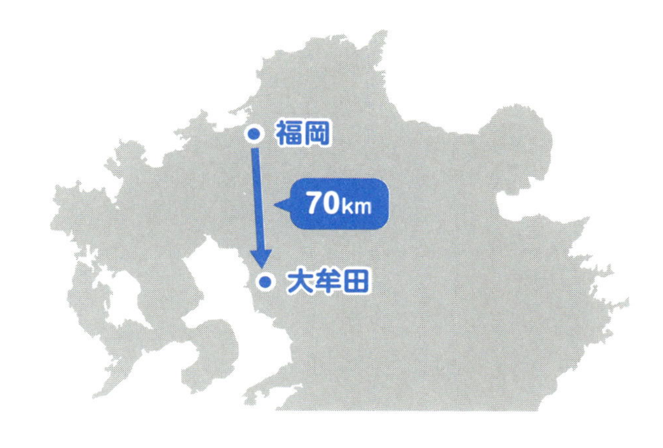

美容室を探しているユーザーが出向くことのできる距離を考えた場合、「美容室 福岡」ではなく「美容室 大牟田」の方が、ユーザーにとっても、Webサイト運営者にとっても、

よりよいキーワードの選択

になるはずです。

それでは次に、温泉のWebサイトを例に考えてみましょう。

大牟田市で温泉施設を経営している方がWebサイト作成を行う場合、「温泉 福岡」と「温泉 大牟田」のどちらのキーワードを選ぶべきでしょうか？

先ほどの「美容室」の場合と異なり、「温泉へ行く」ともなれば、仮に少々遠地であったとしても、「旅行」としては一般的な行為でしょう。そのため、「温泉 福岡」で検索した結果、大牟田にある温泉施設が表示されたとしても、ユーザーにとってなんら違和感はないはずです。

市である「大牟田」という地名に比べて、県である「福岡」の方が高い知名度を持っていると考えられますし、検索キーワードとして選択するユーザーも多いと考えられます。
結果、あえて地名を広く取った「温泉 福岡」の方が、温泉施設の事例としては適切なキーワードといえるのではないでしょうか。

このように、Webサイトのテーマが「美容室」の場合と「温泉」の場合とでは、選択するべきキーワードも異なります。
検索結果の上位には、本来

その位置にふさわしいWebサイト

が表示されるべきです。もしふさわしくないWebサイトが上位表示されたとしても、その効果は限定的なものにとどまるでしょう。

このように、SEOによる上位表示の効果を最大限に引き出すためにも、

サイトテーマ(Webサイトの目的)と絡めてキーワードを決定する

ことが非常に重要となるのです。かつそれは、

ユーザーの目的に合わせてキーワードを決定する

ということでもあるのです。

ここまでのところで、Webサイトテーマの決定＝キーワードの選択は、

❶ユーザーが何を求めているのか？
❷ Webサイト運営者は何を伝えたいのか？

を考えて行う必要がある、ということがおわかりいただけたかと思います。つまり、Webサイトの目的に見合った、適切なキーワードの選択が重要である、ということです。

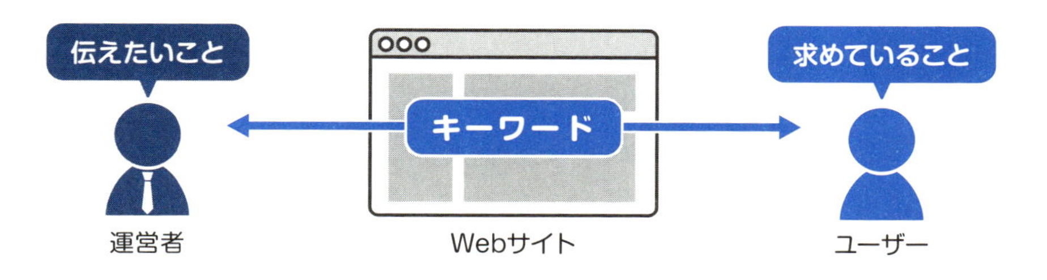

ユーザーの目的とWebサイトの目的、両方の視点から、最適なキーワードを選択してください。

顧客思考トレーニング

- □ Webサイトを訪問してくれるユーザーが求めていることを考えよう
- □ Webサイトで伝えたいことは何かを考えよう
- □ ユーザーの目的とWebサイトの目的に共通するキーワードを考えよう

キーワードが適切かどうかを判断しよう

適切なキーワードを選べたか？

前回の方法でサイトテーマ（Webサイトの目的）と絡めてキーワードを選択したら、次に

そのキーワードが適切なのかどうかを客観的に判断する

必要があります。単に主観で「このキーワードがよい！」と考えただけでは不十分です。数字などのデータを基に、キーワードの有効性を冷静に判断する必要があります。

キーワードが適切であるかどうかを判断ための指標として、次の3つの条件が考えられます。

❶よく検索されているキーワードである
❷競合Webサイトが少ないキーワードである
❸Webサイトの目的に結びつけられるキーワードである

❸は、ここまで述べてきたことと同義です。Webサイトの目的（コンバージョン）を達成できるキーワードであるかどうかを基準に、キーワードの効果を判断します。

今回は、選択したキーワードが

❶よく検索されているキーワードである

かどうかを判断するための方法をご紹介します（❷についてはP.46で解説します）。

検索されているキーワードかどうかを調査する

まずご紹介するのは、

Googleサジェスト

です。Googleサジェストは、検索数の多いキーワードを抽出するGoogleの機能です。
ここで、試しにGoogleの検索ボックスにキーワードを入力してみてください。そのキーワードに関連するキーワードの一覧が表示されます。これは「オートコンプリート」と呼ばれるもので、ユーザーが検索窓でこれまでに入力した履歴を活用し、予測変換する機能です。
例えば前節で例に挙げた、「温泉　福岡」というキーワードで上位表示を狙っている場合のことを考えてみます。Googleの検索欄に「温泉」と入力してみます。

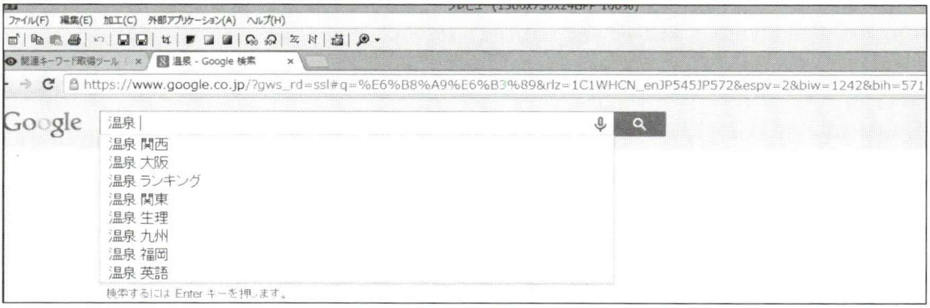

ファイル(F)　編集(E)　加工(C)　外部アプリケーション(A)　ヘルプ(H)
関連キーワード取得ツール　温泉 - Google 検索
https://www.google.co.jp/?gws_rd=ssl#q=%E6%B8%A9%E6%B3%89&rlz=1C1WHCN_enJP545JP572&espv=2&biw=1242&bih=571
Google　温泉
温泉 関西
温泉 大阪
温泉 ランキング
温泉 関東
温泉 生理
温泉 九州
温泉 福岡
温泉 英語
検索するには Enter キーを押します。

前ページの画面を見ると、「温泉」に続くキーワードとして「関西」や「ランキング」等があることがわかります。
それにより、現在検討しているキーワードが、検索によく利用されているキーワードかどうかを判断することができます。

ただし、オートコンプリートに表示されるキーワードの候補は、それほど数が多くありません。また、過去に自分が入力した文字列を自動で補完してくれるパーソナライズ機能が付加されています。位置情報なども考慮されているため、地域によっても、提案内容が異なるようです。

これに対してGoogleサジェストは、「Google利用者全体」の検索履歴からの候補が抽出されます。そのため、キーワード調査を行う場合は、オートコンプリートではなく、Googleサジェストでキーワード抽出を行うことをおすすめします。

このような事情を加味して、総合的にキーワードを抽出してくれる、関連キーワード取得ツールを利用します。ブラウザで「http://www.related-keywords.com/」にアクセスしてください。
すると、次のような画面が表示されます。このツールは、Googleサジェストの他、Yahoo!関連語API、教えて！goo、Yahoo!知恵袋から関連キーワードを一括取得し、表示してくれます。

このツールで「温泉」と入力し、「取得開始」をクリックします。

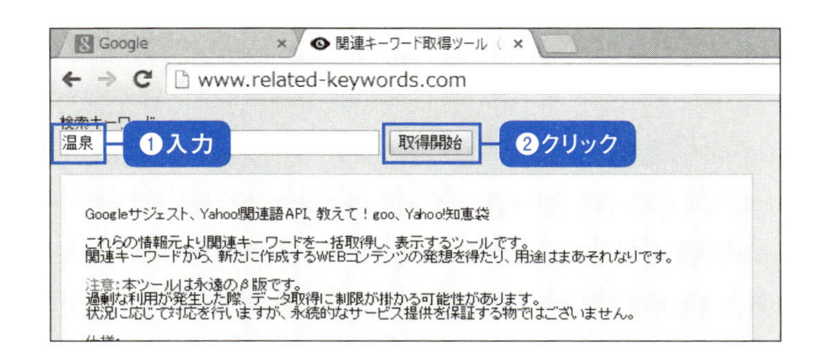

すると次の画面のように、「温泉」との組み合わせで検索されているキーワードを、“あいうえお”順と“アルファベット”順で抽出してくれます。

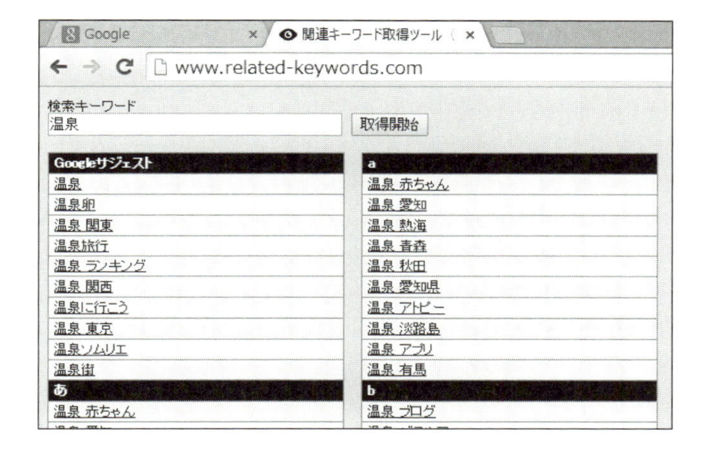

前回の例と合わせて見てみると、「お」の覧を見ても「温泉 大牟田」はありませんが、「温泉 福岡」はしっかりあります。

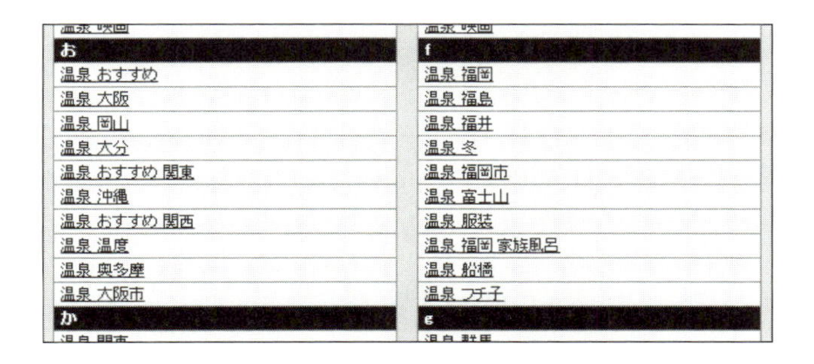

また「温泉 福岡」で調べてみると、検索数が多いことはもとより、その中でも「日帰り」や「家族湯」と合わせて検索されていることが同時にわかります。

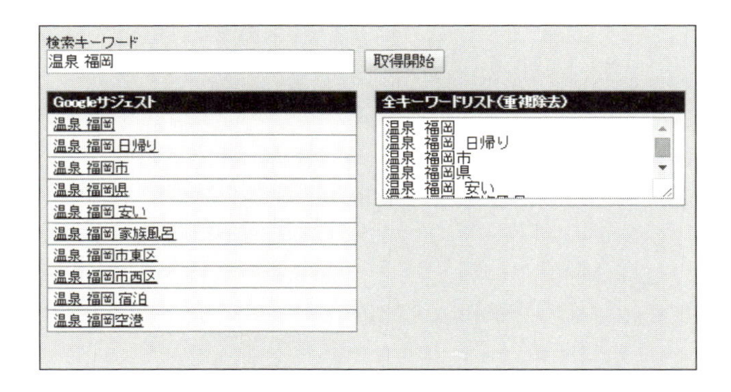

検索されないキーワードで上位表示される無意味

次に、「Web サイト コンサルタント＋地域名」ですでに上位表示できている Web サイトの管理者が、このキーワードがどの程度適切なのかを調べてみることにします。

まず「Web サイト」単体のキーワードで調査を行うと、下記のような結果になりました。“こ”の覧には、「コンサルタント」がありません。

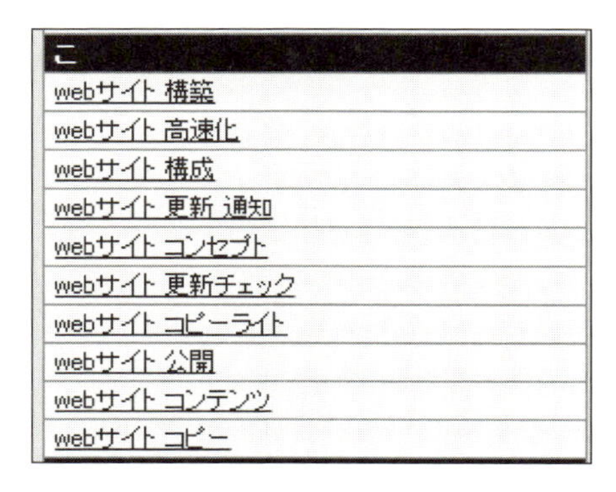

この時点で、「Web サイト」と「コンサルタント」というキーワードの組み合わせは一般的ではなく、「Web サイト コンサルタント＋地域名」で上位表示できても、大きな意味を持たないということがわかりました。

自分の Web サイトで、現在上位表示されるキーワードがあれば、そのキーワードがどの程度一般的なものなのか、つまり

検索の際に用いられているキーワードなのか

ということを、調べてみるとよいでしょう。その結果、検索にあまり用いられていないということがわかった場合は、別のキーワードを選ぶ必要があるということになります。

「コンサルタント」の例のように、一般的な言葉だと思って使っていたものが、実は勝手な思い込みでしかなかったという例も多々あります。業界事情や検索需要などを考慮して、キーワード選定を行う必要があるのです。

「このキーワードで上位表示させたい」という自分の希望だけではなく、「ユーザーがこのキーワードで検索している」という、

顧客側のニーズを優先して キーワード選択を行う

ことが、ここでのポイントです。
Web サイト運営の目的と閲覧者のニーズの間の誤差を埋めることが重要なのです。ここでもまた、顧客目線で SEO を行うことの重要性をご理解いただけるのではないかと思います。

顧客思考トレーニング

- キーワードの有効性を客観的に判断しよう
- 顧客のニーズを優先してキーワードを選ぼう

LESSON 07

複合キーワードでユーザーを絞り込もう

複合キーワードを調査する

今回は、Webサイトのテーマおよびそこから抽出されるキーワードをさらに絞り込み、また、テーマに関わる様々なキーワードでヒットさせることにより、

コアユーザーへのアピールを行うキーワード選定の方法

について解説していきます。ここでの「コアユーザー」とは、市場規模は小さいものの、ユーザーの目的が明確で、コンバージョンへピンポイントに到達できるユーザーのことを指します。

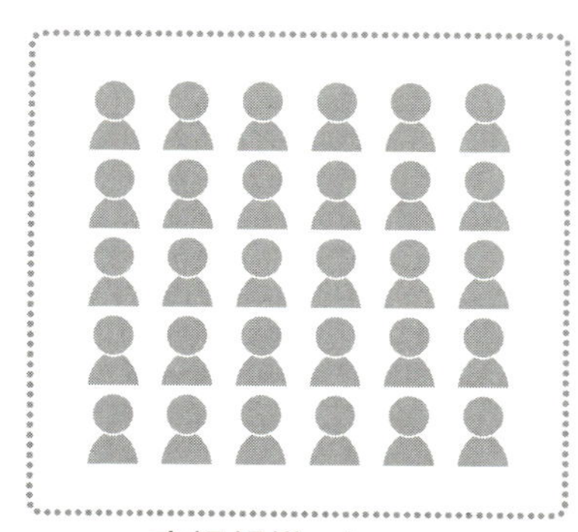

このように、関連するさまざまなキーワードを用いて、幅広いコアユーザーへと向けたSEOの手法のことを、

ロングテールSEO

といいます（実は、ロングテールキーワードから多くのアクセスが生まれているケースが非常に多いのです）。

ここで、“もつ鍋を通販として売り出している業者”を例に考えてみます。P.36でご紹介したツールを使い、まずは「もつ鍋」で検索してみます。すると「Google サジェスト」の欄では、“店の名前らしきもの”や、東京や福岡等の“地域名”が検出されます。

検索キーワード
もつ鍋
取得開始

Googleサジェスト
もつ鍋
もつ鍋 レシピ
もつ鍋 福岡
もつ鍋 東京
もつ鍋 大阪
もつ鍋 カロリー
もつ鍋 新宿
もつ鍋 おおいし
もつ鍋 おおやま
もつ鍋 具材

全キーワードリスト（重複除去）
もつ鍋
もつ鍋 レシピ
もつ鍋 福岡
もつ鍋 東京
もつ鍋 大阪

このことから、ユーザーは「ある地域や都市に限定した「もつ鍋の店」（実店舗）」を探している方が多いということがわかります。

しかし今回はお店ではなく、“もつ鍋を通販で販売している業者”を例にとっています。そこで、店名や地域名以外に、「もつ鍋＋キーワード」でどのような検索キーワードが多いのかを確認してみます。すると、“通販”

や“取り寄せ”“お取り寄せ”等が該当することがわかります。

つ
もつ鍋 作り方
もつ鍋 通販
もつ鍋 つくればぁ
もつ鍋 通販 ランキング
もつ鍋 つくば
もつ鍋 つゆ
もつ鍋 付け合わせ
もつ鍋 築地
もつ鍋 つどい
もつ鍋 塚口

お
もつ鍋 大阪
もつ鍋 おおいし
もつ鍋 おおやま
もつ鍋 お取り寄せ
もつ鍋 岡山
もつ鍋 黄金屋
もつ鍋 おおやま 梅田
もつ鍋 おすすめ
もつ鍋 大宮
もつ鍋 沖縄

また、“具材”、“レシピ”、“スープ”のように、家で料理をする場合の作り方を知りたい方がいることも推測できます。

れ
もつ鍋 レシピ
もつ鍋 レシピ 塩
もつ鍋 レシピ 醤油
もつ鍋 レシピ 人気
もつ鍋 レシピ 博多
もつ鍋 冷凍
もつ鍋 レシピ 味噌
もつ鍋 歴史
もつ鍋 レシピ 白味噌
もつ鍋 レトルト

す
もつ鍋 スープ
もつ鍋 すすきの
もつ鍋 スープ 市販
もつ鍋 スーパー
もつ鍋 スープ 味噌
もつ鍋 スープ 醤油
もつ鍋 水道橋
もつ鍋 スカイツリー
もつ鍋 住吉
もつ鍋 スープレシピ 人気

このように、「もつ鍋」というキーワード単体で見ると、

❶もつ鍋→店名、地名
❷もつ鍋→通販
❸もつ鍋→料理

のように、多種多様なニーズが存在することがわかります。

そのため仮に「もつ鍋」というキーワード単体で上位表示できたとしても、その先にあるお客のニーズは雑多なものであり、コンバージョン率を高めることにはならない可能性があります。

こうしたことから、今回の例である“もつ鍋を通販で販売している業者”の場合、

「もつ鍋 通販」
「もつ鍋 お取り寄せ」

といった複合キーワードで上位表示されることが、効率的な集客に結び付くのではないか、ということが分析できます。
上記のそれぞれのキーワードの組み合わせで調査してみると、下記のような結果になりました。

・「もつ鍋　通販」の例

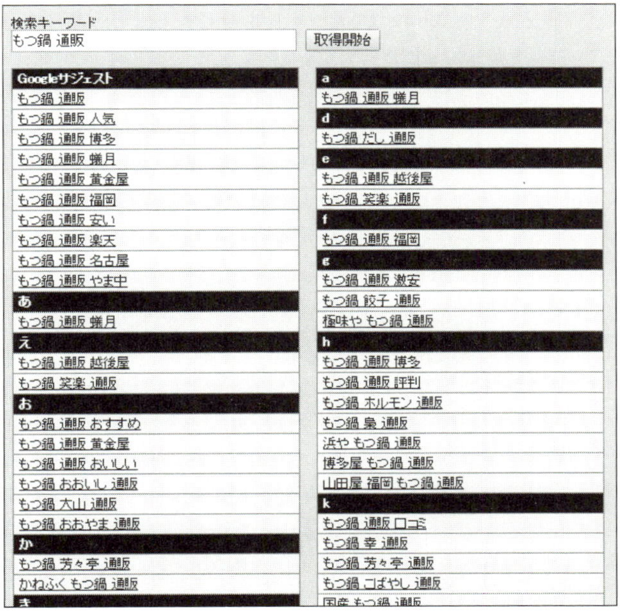

検索キーワード
もつ鍋 通販
取得開始

Googleサジェスト
もつ鍋 通販
もつ鍋 通販 人気
もつ鍋 通販 博多
もつ鍋 通販 蟻月
もつ鍋 通販 黄金屋
もつ鍋 通販 福岡
もつ鍋 通販 安い
もつ鍋 通販 楽天
もつ鍋 通販 名古屋
もつ鍋 通販 やま中

あ
もつ鍋 通販 蟻月

え
もつ鍋 通販 越後屋
もつ鍋 笑楽 通販

お
もつ鍋 通販 おすすめ
もつ鍋 通販 黄金屋
もつ鍋 通販 おいしい
もつ鍋 おおいし 通販
もつ鍋 大山 通販
もつ鍋 おおやま 通販

か
もつ鍋 芳々亭 通販
かねふく もつ鍋 通販

き

a
もつ鍋 通販 蟻月

d
もつ鍋 だし 通販

e
もつ鍋 通販 越後屋
もつ鍋 笑楽 通販

f
もつ鍋 通販 福岡

g
もつ鍋 通販 激安
もつ鍋 餃子 通販
極味や もつ鍋 通販

h
もつ鍋 通販 博多
もつ鍋 通販 評判
もつ鍋 ホルモン 通販
もつ鍋 梟 通販
浜や もつ鍋 通販
博多屋 もつ鍋 通販
山田屋 福岡 もつ鍋 通販

k
もつ鍋 通販 口コミ
もつ鍋 幸 通販
もつ鍋 芳々亭 通販
もつ鍋 こばやし 通販
国産 もつ鍋 通販

・「もつ鍋　お取り寄せ」の例

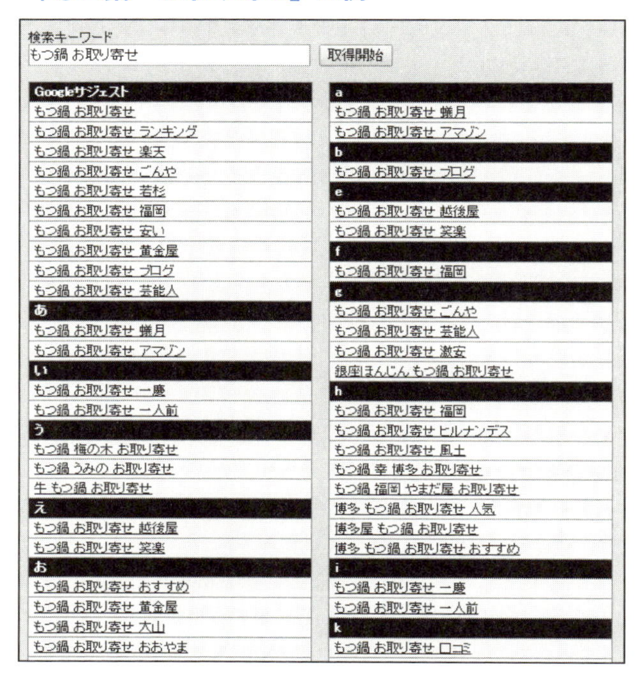

これらの結果から、“もつ鍋を通販で販売するWebサイト”において、どのようなニーズがあるのかが明らかになってきました。

ユーザー目線で複合キーワードを選び出す

こうしたツールを用いることで、自分が選択したキーワードが、ユーザーが実際に検索に使っているキーワードであるかどうかを吟味します。
そして、検索に使われているキーワードであることが判明したら、その中から、

より具体的なターゲット層に焦点を当てた複合キーワード

を見つけていきます。

実際にWebサイトを訪れたユーザーが使用したキーワードのほとんどは、2個以上の複合キーワードで構成される傾向にあるようです。

個別の商品紹介ページといったサブページにおいても、「独立した何らかのキーワードを明示する」ことで、集客としての流入口を増やしていく効果を得ることができます。
反対に、単一キーワードの場合はユーザーの傾向が雑多であることから、仮に上位に表示できたとしても、目的の異なる検索者が入ってしまう可能性は避けられません。

ここで紹介したツール以外にも、

・Google AdWordsのキーワードプランナー
・Ferret+
・goodkeyword

といったツールを用いて、同様の調査を行うことが可能です。
ツールによって異なる分析結果となることも多々あります。複数のツールを使い、比較対照することで、より精度の高いキーワード分析を行っていきましょう。

顧客思考トレーニング

- 複合キーワードを調査しよう
- ユーザー目線で複合キーワードを選ぼう
- 複数のツールを使って比較対照しよう

LESSON 08 キーワードの競合性を調査しよう

選んだキーワードの競合性をチェックする

P.34では、選んだキーワードが適切かどうかを判断する、3つの条件を提示しました。

❶よく検索されているキーワードである
❷競合Webサイトが少ないキーワードである
❸Webサイトの目的に結びつけられるキーワードである

ここでは最後に、❷の条件について調査する方法を解説します。
いくらWebサイトの目的に合ったキーワードでも、競合Webサイトがあまりに多ければ、検索上位に表示させることは難しいかもしれません。
これからSEOを始めて、上位表示を目指すには、

競合の少ないキーワード

で勝負する、という選択肢も重要な条件となってくるのです。

❷の“競合Webサイトが少ない”という条件は、Google AdWordsのキーワードプランナーで調査することができます。

ブラウザで「https://adwords.google.co.jp/keywordplanner」にアクセスし、Googleアカウントでログインしてください。「運用ツール」をクリックすると以下の画面が表示されるので、「キーワードのリストを組み合わせて新しいキーワード候補を取得」をクリックします。

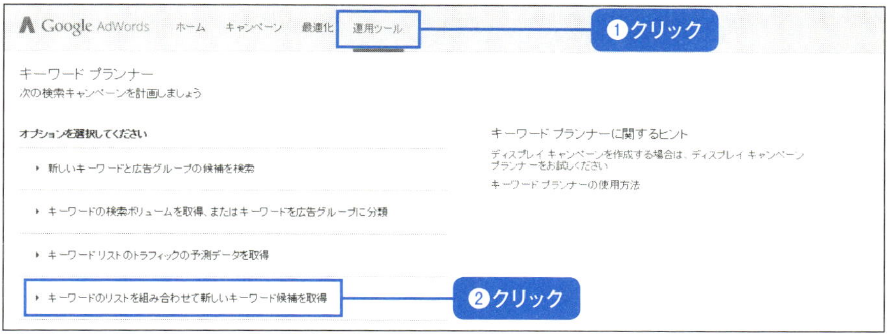

続いて表示される画面で、リスト1に「もつ鍋」、リスト2に「通販」と入力し、「検索ボリュームを取得」をクリックします。

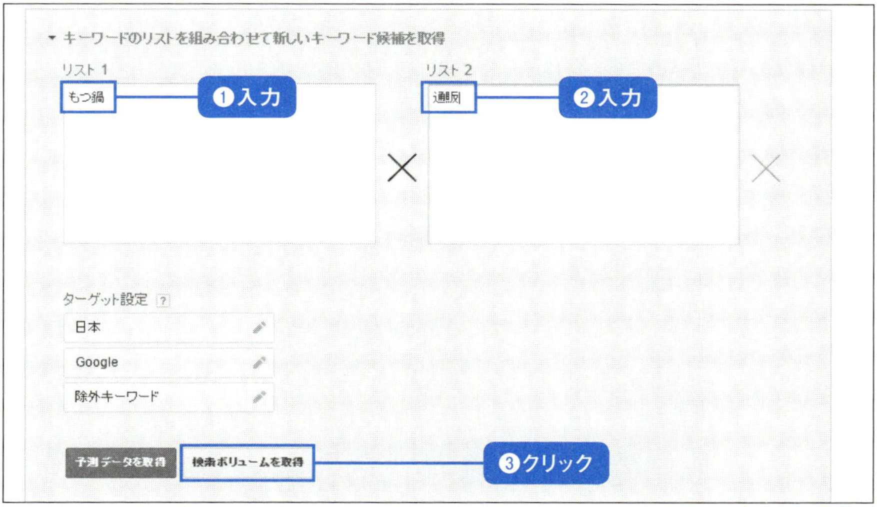

すると、下記のような結果となります。

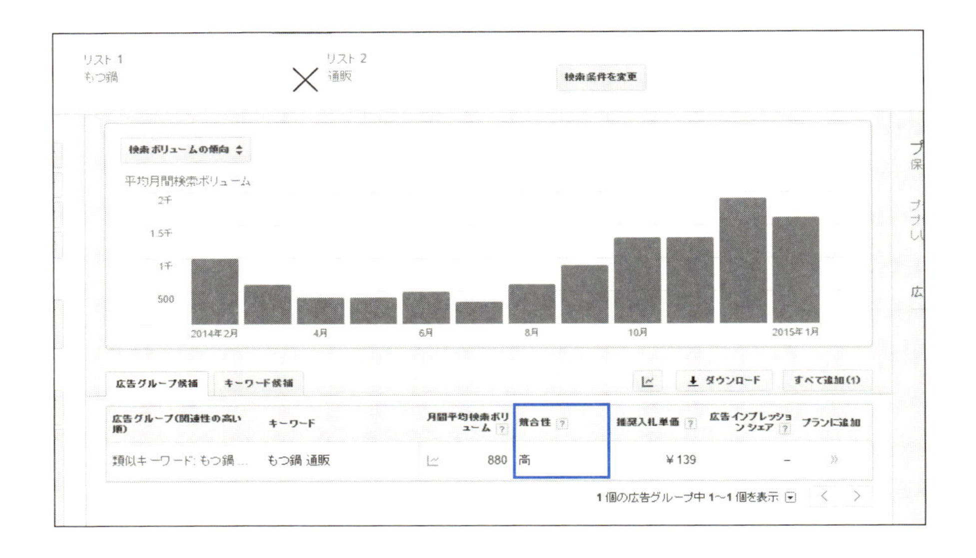

「もつ鍋　通販」は「競合性」が「高」となっており、競争の激しいキーワードの組み合わせであることがわかります。もし、技術的に上位表示の自信がない場合は、ロングテール SEO の手法に基づき、3 語の複合キーワードなどから施策を進めていくことをおすすめします。また、「もつ鍋　スープ」(検索ボリューム 1300、競合性中) など、異なる切り口とあわせて PR することで、流入口を増やし、そこから拡販できるかもしれません。ただし、「もつ鍋　スープ」というキーワードには "スープのレシピ" を知りたい場合の検索も含まれているため、テストマーケティングにより反応率を見ていくことが必要です。

競合の少ないキーワードをチェックする

また、もう一つの方法もご紹介しておきます。
「運用ツール」の画面で、「新しいキーワードと広告グループの候補を検索」をクリックします。

続いて表示される画面で、「宣伝する商品やサービス」にキーワード（ここでは「もつ鍋」）を入力し、「候補を所得」をクリックします。

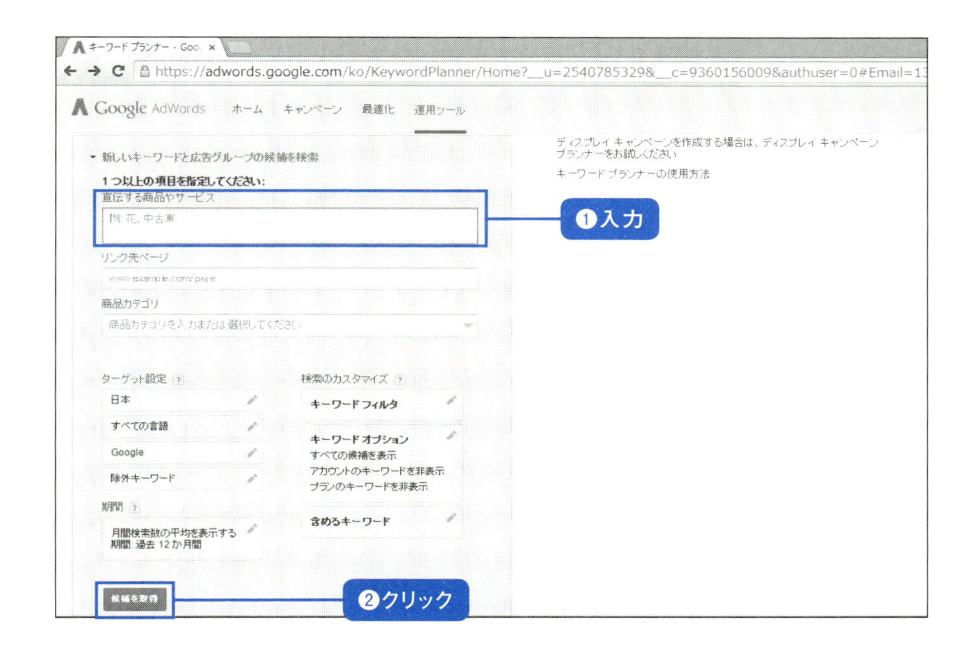

次に、「キーワード候補」タブをクリックします。
すると、入力したキーワードに関連する複合キーワードの一覧を確認することができます。ここで、それぞれのキーワードの組み合わせや競合の高低を調べることができます。

宣伝する商品やサービス
もつ鍋
候補を取得　検索条件を変更
広告グループ候補　キーワード候補
クリック
ダウンロード　すべて追加(801)

キーワード（関連性の高い順）	月間平均検索ボリューム	競合性	推奨入札単価	広告インプレッション シェア	プランに追加
博多 もつ鍋	9,900	低	¥70	–	»
もつ鍋 やま中	4,400	低	¥100	–	»
もつ鍋 通販	880	高	¥139	–	»
もつ鍋 取り寄せ	880	高	¥107	–	»
もつ鍋 博多	1,600	低	¥66	–	»

次に、「もつ鍋　レトルト」で検索してみます。
すると下記の画面のように、競合性は「中」と出ました。しかし、同時にユーザーの検索数である「月間平均検索ボリューム」が「50」と、極端に減ってしまいました。

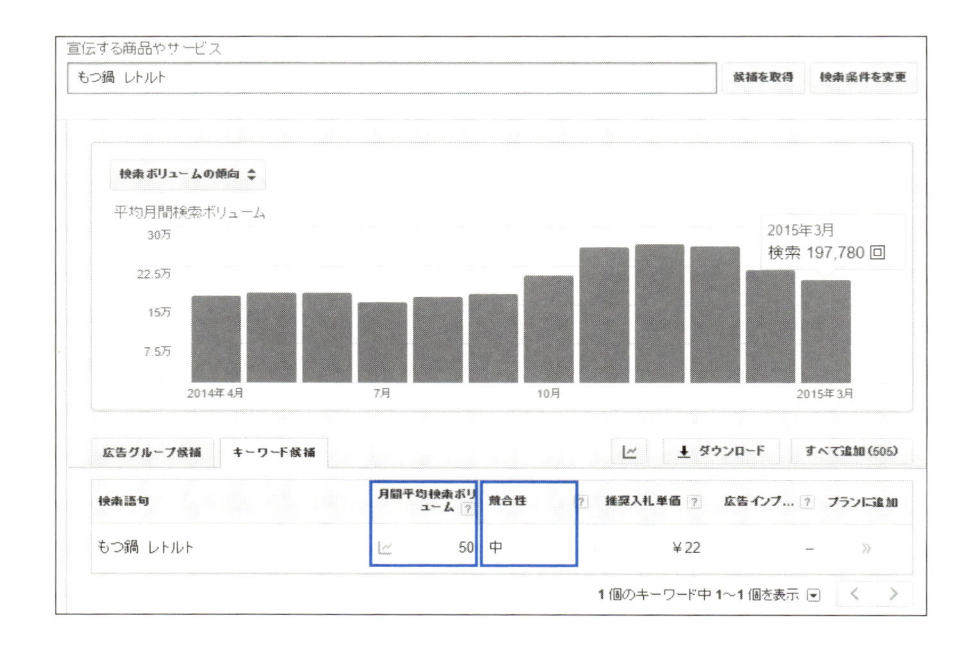

そのため、Webサイトでもつ鍋商品を売り出す場合、ロングテールSEOの戦術の1つとして策定するのならば問題ありませんが、このキーワードをWebサイトの軸に据えることはあまりおすすめできません。

それでも、サブページとして、このテーマで1ページ作ることは有効です。なぜなら、そのページがきっかけとなって、ネット上で拡散する可能性も秘めているからです。
商品に自信があるならば、購入者の口コミも期待できますし、かつ、自分だけの猟場を築き上げることが比較的容易になります。
ロングテールを意識した戦術は、あらゆる業界で有効な営業手法です。

このように、キーワードツールを利用して調査を進めることで、競合性を調査し、キーワードを絞り込んでいくことができます。

また、先ほどのキーワード例は2つをかけたものでしたが、3つの複合キーワードを調査することもできます。2つあるいは3つのキーワードの組み合わせをいろいろと試して、調査することをおすすめします。

私自身、お客様が要望するキーワードがあまりにも反応率が悪いのではないかと思うような場合、上記のツールを使って、別のキーワードを提言するようにしています。せっかく作成したWebサイトが無駄になることがないように、キーワードを選定する際は、十分注意するようにしましょう。

顧客思考トレーニング

- キーワードの競合性を調べよう
- 競合の多いキーワードは再考しよう
- 競合の少ないキーワードで勝負することも考えよう

ドメインを決定しよう

ドメインと検索順位の関係

SEOにおいて、Webサイトのドメインは、ごくわずかとはいえ、検索順位に影響を与える要素の一つです。ドメインとは、一言で表すと「Webサイトの住所」のことです。例えば「http://7eyese.com/」というURLを持つWebサイトの場合、「7eyese.com」がドメイン部分となります。

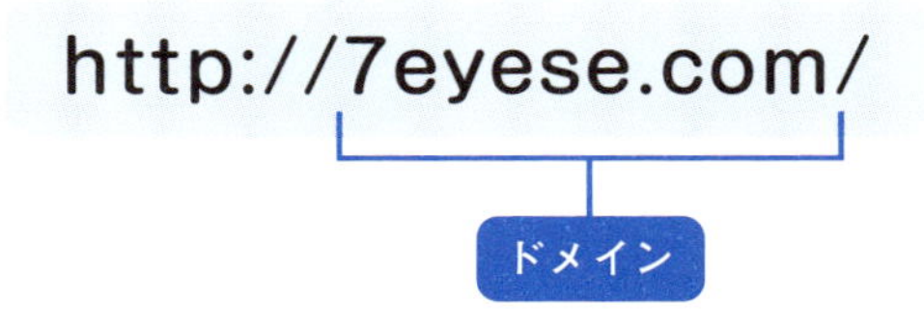

すでにWebサイトが稼働している場合、ドメインは、既存ユーザーからのアクセスや、すでに過去からの実績で蓄積されているSEO効果を考えると、容易には変えづらい要素の一つです。

しかし、現在のWebサイトのマイナス要素が膨大であり、検索結果が煮詰まっていると考えられる場合は、思い切ってドメイン変更を伴うWebサイトのリニューアルを検討してもよいでしょう。
また、外部Webサイトとして新しいWebサイトを構築する場合などは、ドメインのSEO効果について、積極的に検討していきましょう。

そして、外部サイトの構築や本体サイトのリニューアル時には、これから解説するドメイン決定のプロセスを踏むようにしてください。

ドメインの利便性を考える

ドメイン決定におけるSEO施策のポイントは、

選択したキーワードをドメイン内に盛り込むこと

が重要です。Webサイトの内容を正確に伝える文言がドメインの中に入っていることがGoogleに評価され、検索結果によい影響が出ることが考えられるのです。

ドメイン内にページの内容を伝えるキーワードが入ることは、ユーザーが即座にそのWebサイトの特徴を理解できるという点で、大きなメリットがあります。Googleは、こうしたユーザーの利便性をドメインに求めていると考えられます。

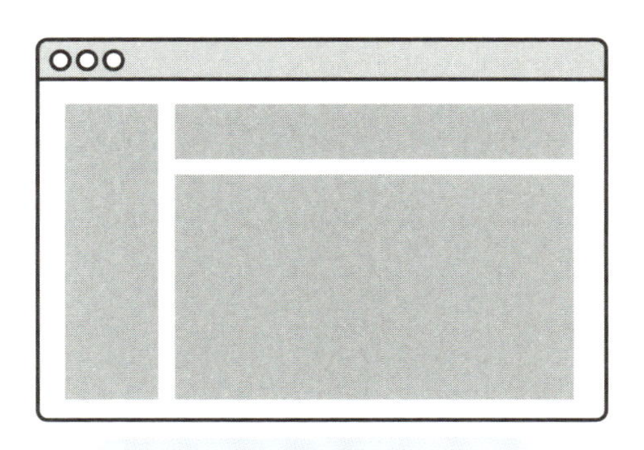

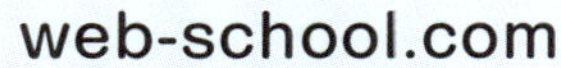

ユーザー目線で問題のあるドメイン

ここで、例として次のようなドメインのWebサイトがあったとします。

http://web-design-online-school.com

これは「Webデザインオンラインスクール」というキーワードで上位表示を狙うWebサイトで、検索してほしいキーワードをつないだドメインとなっています。
このドメインを見て、率直にどのような感想をお持ちになるでしょうか。
おそらく、Webサイトの内容が理解しやすいとはいえ、さすがに少し長すぎるのではないか…という印象を持たれた方もいると思います。

このように、Webサイトの内容を意思表明するキーワードでドメインを構成しても、それがあまりにも長すぎるものであれば、複雑または長すぎて違和感があり、

ユーザー目線で考えた場合に問題がある

といえるでしょう。

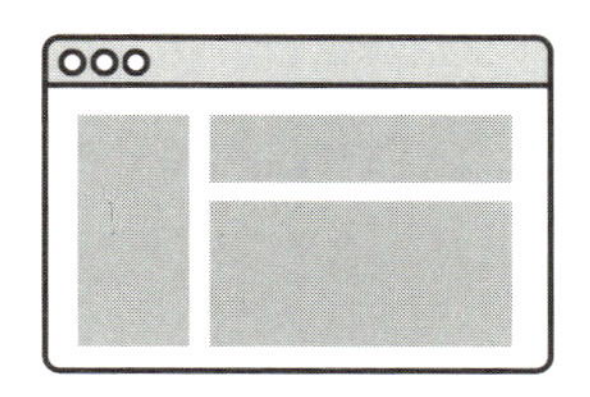

web-design-online-school.com

このようなドメインをつけるWebサイトの傾向として、中途半端なSEOの知識で小手先に頼ろうとするWebサイトが多い印象も受けます。

そのため、ドメインに内容を表すキーワードを盛り込むと同時に、

URLをできる限りシンプルにする

ことも推奨します。
このように、ユーザーへの配慮を考えた際に、長すぎるドメインが不利益を被る可能性があることは必至です。

以上のような傾向に鑑みて、ドメインを考える際は、次のことを条件として推奨します。

❶ドメイン内に内容に即したキーワードを含めるとプラス
❷ただしドメインが長すぎるのはマイナス

これらのことを考慮に入れ、Webサイト内のテーマとなるキーワードをドメインに含めつつ、ドメインの長さは短く抑える、という流れでドメインを決定することを推奨します。

サブページでの活用

キーワードを盛り込む手法は、ドメインだけでなく、URL、つまり、

サブディレクトリやサブドメインでも有効

です。例えばコーポレートサイトの場合、屋号や社名にちなんだ言葉をドメインにして、キーワードはサブドメインまたはサブディレクトリに盛り込むという方法もおすすめです。ただし、その際もあまりにも長くならないよう、極力シンプルにすることを心掛けてください。

少し違う言葉をドメインにする

最後に、もう一つドメインのつけ方についてご紹介します。
それは、コンテンツを表すURLとほぼ同義語でありながら、少しだけ立ち位置をずらしたキーワードをドメインに用いるということです。

例えば美容系Webサイトを考える際に、タイトルタグに「美容の○○」と記述して、ドメインに「beauty」というキーワードを用いると、検索エンジンも理解しやすいです。しかしこの時、ドメインに「beautifulness」などを用いてもよいということです。

❶ http://beauty.com/
❷ http://beautifulness.com/

beauty と近い意味を持つ言葉として、beautifulness（綺麗さ）があります。このように、ユーザーが検索しそうな、少し違う言葉を使用することで、キーワードの幅が広がることになります。

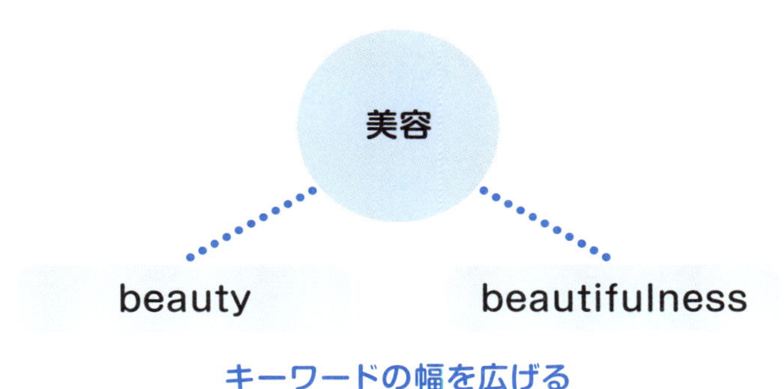

キーワードの幅を広げる

顧客思考トレーニング

- ドメインには Web サイトの内容に関連するキーワードを入れ込もう
- ユーザーの利便性を損なうドメインは回避しよう

LESSON 10 サブページのテーマとキーワードを決定しよう

検索ニーズからサブページのテーマを設定する

今回は、Webサイトを構成するサブページのテーマ（目的）と、そこから導き出されるキーワードについて考えていきます。それぞれのページに対して、どのようなテーマ、意味や意義を持たせればよいのか。そして、どのようなページ構成にすればよいのかについて、解説を行います（基本になるのは、前述のロングテールSEOになります）。
Webサイトは、トップページの他に、複数のサブページによって構成されています。例えば商品・サービス紹介ページ、会社概要のページ、スタッフ紹介ページなどです。Webサイトによっては、商品（サービス）紹介ページが商品ごとの複数のページに分かれている場合もあります。
サブページは、それぞれ異なるテーマ、異なる目的を持っています。これらのテーマに合わせて適切なSEOを行っていくことが重要なのです。

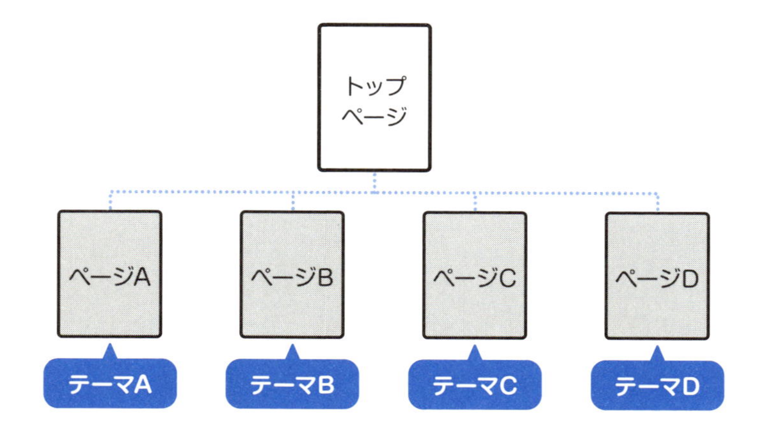

サブページのテーマを決定する上で気をつけなければならないのが、

サブページのテーマがWebサイト全体のテーマから外れていないこと

です。SEOの観点では、Webサイトのメインテーマに関連するコンテンツで多くのページが構成されているWebサイトほど、検索順位に強いWebサイト構成になっているといえるからです。

例えば「マンション 売却」で上位表示を狙うWebサイトの場合、サブページのテーマに「マンション 売却」とは無関係なテーマを持ってきてはいけません。
例えば「お笑い」「旅行」「スポーツ」などといったテーマでページを構成してしまうと、「マンション 売却」とは無関係なページでWebサイトが構成されていることになり、SEO効果は望めません。

Webサイトのテーマから外れない形で各ページのテーマを設定するには、自分の思い込みや希望でキーワードを選ぶのではなく、客観性を重視する必要があります。そこで、P.36のツールを利用して、どのようなキーワードで検索が行われているかを調べてみましょう。
例えば、「マンション 売却」をWebサイトのメインテーマとした場合の検索ニーズを調べてみます。

検索キーワード
マンション 売却
取得開始
keyword: 3

Googleサジェスト
マンション 売却
マンション 売却 税金
マンション 売却 相場
マンション 売却 手数料
マンション 売却 コツ
マンション 売却 査定
マンション 売却 時期
マンション 売却 賃貸
マンション 売却 築年数
マンション 売却 仲介手数料
あ

a
マンション 売却 赤字
マンション 売却 按分
マンション 売却 アドバイス
マンション 売却 空き家
マンション 売却 アンケート
マンション 売却 青色申告
マンション 売却 消費税 按分
マンション 売却 相場 愛知
b
マンション 売却 ブログ
マンション 売却 媒介契約

全キーワードリスト(重複除去)
マンション 売却
マンション 売却 税金
マンション 売却 相場
マンション 売却 手数料
マンション 売却 コツ

すると、「マンション 売却」という検索キーワードにおいて、「税金」「手数料」「確定申告」「査定」「費用」といったキーワードを合わせて知りたいユーザーが多いということがわかりました。

これらの「ユーザーが知りたいと考えていること」を、サブページ内に盛り込み、そこからさらに深堀りしていくことで、ユーザーの疑問を解決することができます。その結果、

優良なWebサイトの骨格を形成する

ことができるのです。

「マンション　売却」をメインテーマとするWebサイトにおいて、中心キーワードは「マンション　売却」です。そして、「税金」「手数料」「確定申告」「査定」「費用」が、それに付随するサブキーワードになります。結果、次のようなWebサイトの構成になります。

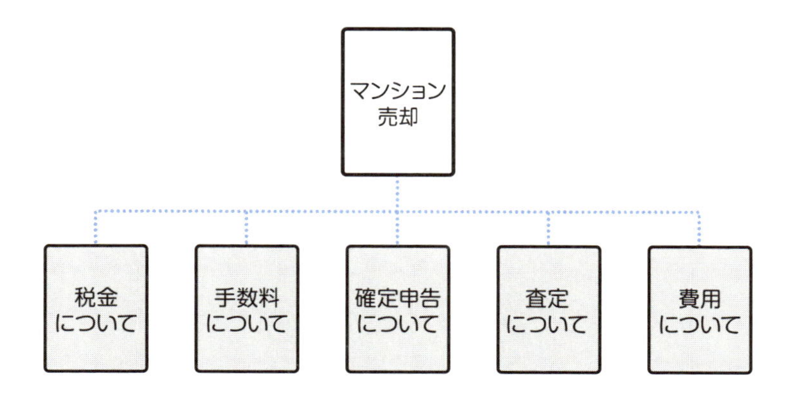

このように、ユーザーの検索ニーズに沿ったページでWebサイト全体を構成することにより、検索する側の疑問をうまく解決することができます。その結果、Webサイトの内容はGoogle、ユーザーの両者から優良コンテンツと見なされ、将来的にも上位で安定しやすくなります。

会社概要など、Webサイト運営上、どうしても必要不可欠とされるページを例外として、それ以外のページについては、この方法で抽出したキーワードがサイト運営上必要か否かを判断した上で、必要ならば各サブページのテーマとして盛り込んでいくようにしましょう。

ページのテーマを深堀する

ここで、先ほどの「マンション 売却」を例に、ページテーマをさらに具体的に深堀りしていきます。
「マンション 売却」で調査した結果の中から「マンション 売却 査定」という検索キーワードをピックアップし、さらに調査を行います。

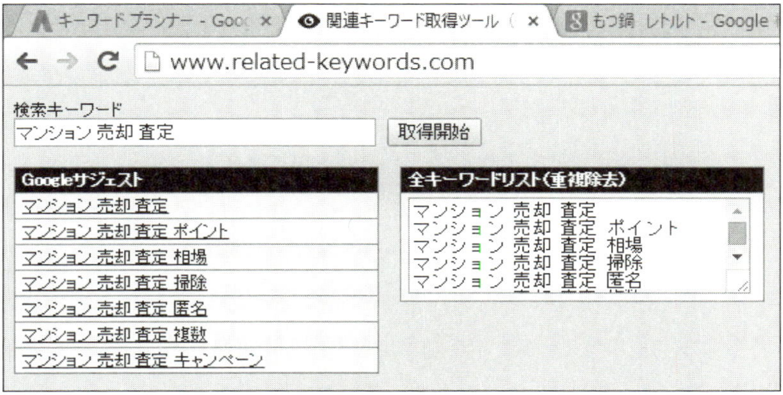

キーワード プランナー - Goo
関連キーワード取得ツール（
もつ鍋 レトルト - Google
www.related-keywords.com
検索キーワード
マンション 売却 査定
取得開始
Googleサジェスト
マンション 売却 査定
マンション 売却 査定 ポイント
マンション 売却 査定 相場
マンション 売却 査定 掃除
マンション 売却 査定 匿名
マンション 売却 査定 複数
マンション 売却 査定 キャンペーン
全キーワードリスト(重複除去)
マンション 売却 査定
マンション 売却 査定 ポイント
マンション 売却 査定 相場
マンション 売却 査定 掃除
マンション 売却 査定 匿名

すると、Google サジェストに「ポイント」「相場」「匿名」といったキーワードが出てきました。
こうした調査結果から、「マンション 売却」をテーマとする Web サイトのコンテンツとして、

- **マンション売却の査定のポイント**
- **マンション売却の査定の相場**
- **マンション売却の査定の匿名（匿名での査定）**

などの内容を考えればよい、ということがわかってきます。

このようにキーワードを順に掘り下げていくことで、関連性のあるテーマにもとづいた、しかもユーザのニーズに即した Web サイトを作り上げることができるのです。

P.45 で紹介したその他のツールについても、どのようなキーワードで検索されているか、一通りチェックしておきましょう。

Webサイトの構成を考える

ページテーマの抽出ができたら、次に、リンク階層に留意した Web サイト構成を考えていきます。「マンション 売却」という Web サイトテーマにもとづいて「査定」、さらにそこから「ポイント」「相場」「匿名」といったキーワードに基づいてページ主題を作成していくと、次のような階層構造になります。

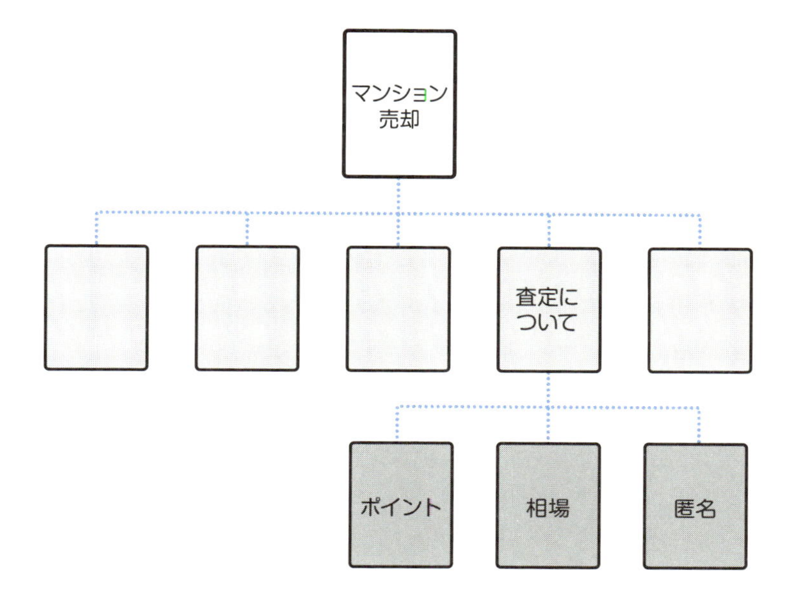

ここで重要なことは、可能な限り

トップページから3〜4クリックで すべてのページに到達できる構造にする

ということです（できる限り、３クリック以内を目指してください)。階層を深くし過ぎず、下位のページまで少ないクリック数で到達できる構造にするのです。

Webサイト内の階層を浅くすることにより、ユーザーが目的の情報へと到達するまでの道のりが短くなり、使い勝手（ユーザビリティ）という点で高い評価を得ることができます。
また、検索エンジンのクローラに与えるストレスを軽減させることとなり、クロール漏れのリスクを少なくすることもできます。

このようなサイト構造では、ページ構成が下層に行けば行くほど、Webサイトテーマの内容が細分化されていきます。その結果、

下層ページが一番多いページ数になる

ことが、Webサイトの理想的な形です。最終的には、以下のようなピラミッド型のWebサイト構造ができあがります。

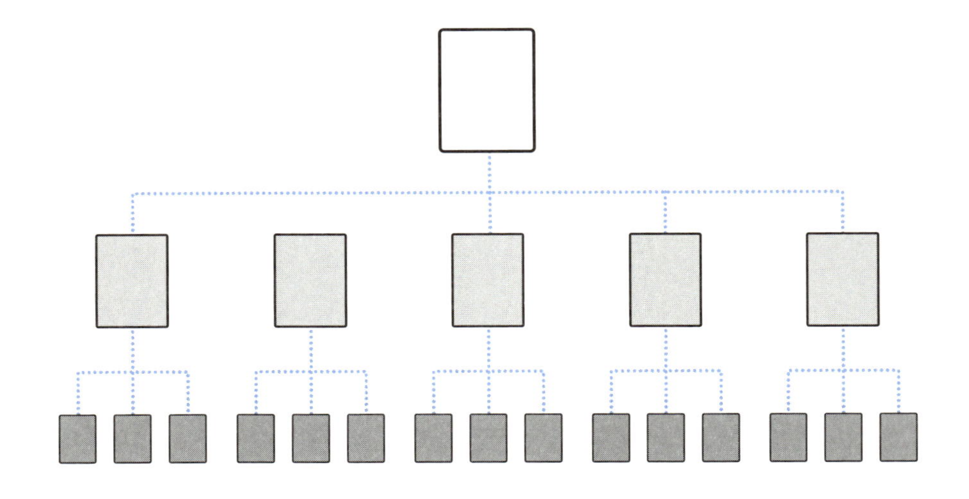

顧客思考トレーニング

- 検索ニーズから各ページのテーマを決定しよう
- ページテーマがWebサイトのテーマから外れないように注意しよう
- テーマに沿ったページ構成を考えよう
- ピラミッド型のWebサイト構造を作ろう

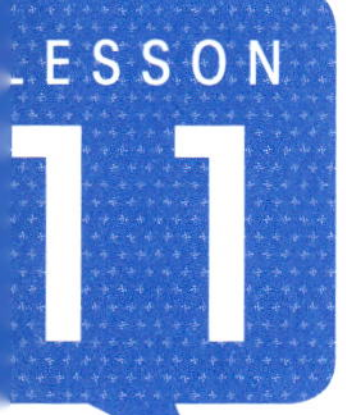

サブページのURLを決定しよう

URLはGoogleの評価対象の一つ

P.52では、Webサイト自体の「ドメイン」が持っているSEO効果について解説を行いました。そして、Webサイトを構成する各サブページのURLもまた、Googleの評価対象の一つになっていると考えられています。例えば以下は、Googleで“SEO対策　佐賀”というキーワードで検索した例です。

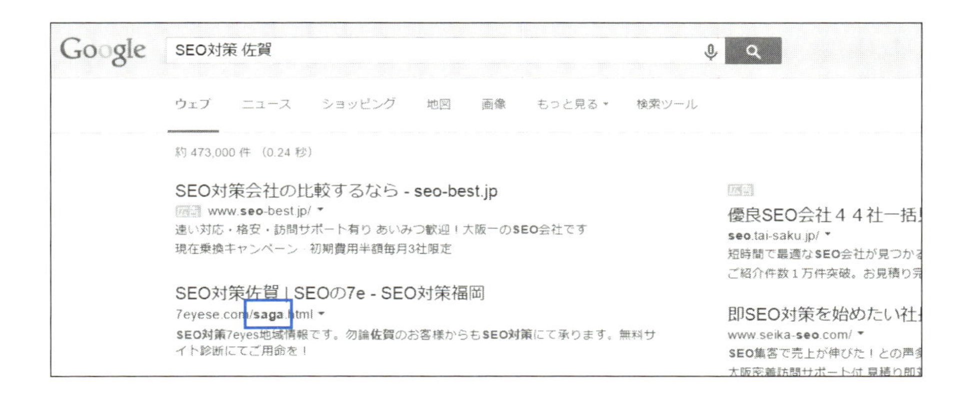

よく見ると、URL内の「saga」という文字が太字で表されていることがわかります（サブページでも同様の現象があります）。このことから、

**URLに含まれる文字も
キーワード検索の対象になっている**

可能性があるということが推測できます。
そのため、サブページのURLを決定する際にも、SEOを意識し、そのページ内容を表すような文字列を入れ込むことをおすすめします。

SEOに配慮してURLを決める6つのポイント

ここでは、SEOを考慮したURLを作るためのポイントについて解説していきます。

Point ① URLの一部にWebサイトのコンテンツと関連したキーワードを使用する

例えばお問い合わせページであれば、URLに「contact」という文言を使用するなど、Webサイトの内容と関連した文字列をURLに使用しましょう。URLを見ただけでページの内容をイメージしやすくなるため、ユーザーの使い勝手もよくなります。

○よい例　http://7eyese.com/contact.html
×悪い例　http://7eyese.com/777.html

Point ② 同じキーワードを何度も使用しない

URLにキーワードを含めた方がよいからといって、何度も使用するのは逆効果となる可能性があります。

○よい例　http://7eyese.com/web.html
×悪い例　http://7eyese.com/web-web-web-web-web-web.html

Point 3 無駄に長くしない

キーワードが含まれていたとしても、その前後にコンテンツの内容と関係の薄い文字列が並び、無駄に長くなるのはよくありません。

○よい例　http://7eyese.com/web.html
×悪い例　http://7eyese.com/webschoolgaimamotomerareteimasu.html

Point 4 ディレクトリ名（フォルダ名）も関係性のあるキーワードにする

ディレクトリ名についても、コンテンツの内容に関連するキーワードを使うようにします。

○よい例　http://7eyese.com/seo/contents.html
×悪い例　http://7eyese.com/a8135/contents.html

Point 5 アンダーバー"_"ではなく、ハイフン"-"を利用する

「seo-school」は、seo と school がハイフン"-"でつながれているため、それぞれ異なる語句として認識されます。「seo_school」は、アンダーバー"_"でつながれているため、seoschool という一つの単語として認識されます。この場合、「seo」と「school」はそれぞれ個別のキーワードとして認識してほしいので、ハイフンを使うべきです。

○よい例　http://7eyese.com/seo-school.html
×悪い例　http://7eyese.com/seo_school.html

Point 6 動的URLはわかりやすくシンプルなものにする

「&」「=」「？」といったパラメータ（引数）が含まれているURLのことを、動的URLといいます。動的URLは、データベースから情報を呼び出して生成されるページに使われるもので、例えば次のようなページが、動的URLのページに該当します。

×悪い例　http://example.co.jp/%E3%81%93%E3%82%8C%E3%81%8B%E3%82%89%E3%81%AF%E3%81%98%E3%82%81%E3%82%8B-SEO%E5%86%85%E9%83%A8%E5%AF%BE%E7%AD%96%E3%81%AE%E6%95%99%E7%A7%91%E6%9B%B8-%E7%80%A7%E5%86%85-%E8%B3%A2/dp/4774152943/ref=sr_1_1?ie=UTF8&qid=1431482642&sr=8-1&keywords=%E7%80%A7%E5%86%85+SEO

上のようなURLは、可能な範囲でURL設計を工夫し、「長さを短く」「文字列の意味がわかりやすく」することをおすすめします。上記の悪い例を短縮したのが、下記の例です。とはいえ、不可解なパラメータを削ることができたという点ではよい例ですが、理想は、パラメータが入っていたとしても、理解しやすいURLを構築することです。

◯よい例　http://example.co.jp/dp/4774152943

なお、最近では動的URLでも静的URLと変わらないと取れるような発表もあります。しかしGoogleの「検索エンジン最適化スタータガイド」にもあるように、

❶極端に長く暗号めいたURL
❷URLに不可解なパラメータがたくさん含まれている

ものは避けた方がよいでしょう。

ユーザーの気持ちになって考えた時に、URL に不可解なパラメータがたくさん含まれていることはあまり印象のよいものではありません。ユーザーが URL の一部を不要だと誤解し、その結果 URL の一部が削られ、リンクが適切に張られなくなる可能性も否定できません。
こうした観点から、動的 URL はユーザビリティに反することであり、あまりおすすめできるものではありません。そのため、可能な範囲での工夫が必要です。

さらに、Google の検索エンジンは、このような URL があまり得意ではないようです。必ずしもインデックスとして登録されないというわけではありませんが、特に重要なページでの使用については、設計段階でよく検討したほうがよいと思われます。
また、このような動的 URL のページの場合、次のような観点からも、SEO 上不利な点があります。

❶やむをえずキーワードとの関連性が低くなってしまうケースが多い
❷テキストリンクにおいて適切なものとみなされにくい

こうしたデメリットを知った上で、必要に応じて動的 URL の使用を判断していけばよいでしょう。

顧客思考トレーニング

- URL にもページ内容を表すキーワードを入れ込もう
- URL を決定する 6 つのポイントを知ろう
- 動的 URL は設計段階からきちんと考えてつくろう

LESSON 12 ページレイアウトを設計しよう

ファーストビューを意識する

今回は、SEOを行う上で非常に重要となる、ページレイアウトの設計方法について解説を行います。少し難しい言葉ですが、「Above the fold（アバブ・ザ・フォールド）」という概念があります。直訳すると「折り目よりも上（側）」という意味で、これは、

スクロールしないで見ることができるWebページの画面の範囲

のことを指します。「ファーストビュー」という言葉で言い替えることができます。

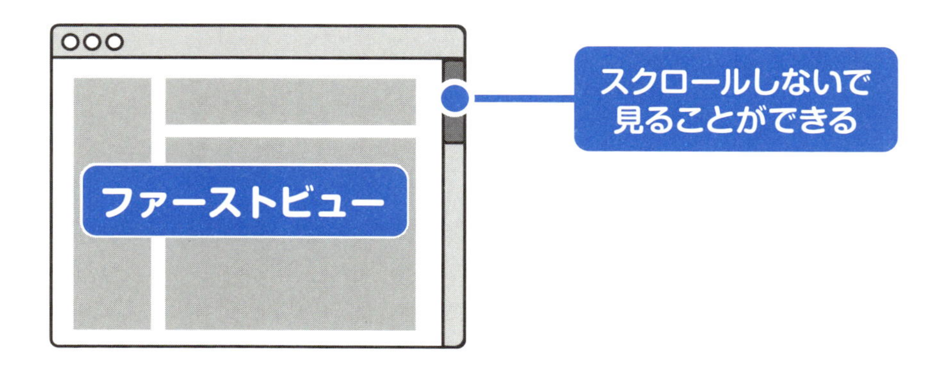

Googleは、ページレイアウトに関わるアルゴリズムを発表しています。その内容は、ページ内の構成がどのように配置されているかを診断の上、ユーザビリティの観点から評価する、というものです。

この観点から、Webページを開いた際に、最初に画面に表示される

ファーストビューに重要なコンテンツを配置する

ことが、SEO、およびユーザーの使い勝手の両面で求められています。

例えばファーストビューにおいて、広告スペースがページ上部を多く占領している場合、Webサイトの評価を落とす危険性があります。なぜなら、何について書かれているページなのかがユーザーにとってひと目でわかりづらく、ページのテーマ・主題が不明瞭になる恐れがあるからです。

広告を掲載するような場合は、できるだけファーストビューの範囲を占領することがないよう、あらかじめ設計段階で検討しておくことが重要です。

そして、このファーストビューの範囲内に重要なテキストやタグをきちんと書いておくことが、SEO上非常に重要なポイントとなります。

ファーストビューに重要な内容を入れる

まず、以下の条件にもとづいてページの概要を記述します。それにより、Google に対して「このコンテンツは重要ですよ」というメッセージを送ることができます。
h1 や h2 タグに入れ込む文言は、見出しとしての SEO 効果を期待する上でも、画像ではなく、必ずテキストとして記述します。

❶ h1（大見出し）タグの内容を記述する
❷ p タグに h1 を補足する文章を入れる
❸ h2（中見出し）タグの内容を記述する
❹ p タグに h2 を補足する文章を入れる

次に、このようにして記述したタグを、ファーストビューで見える位置にレイアウトします。

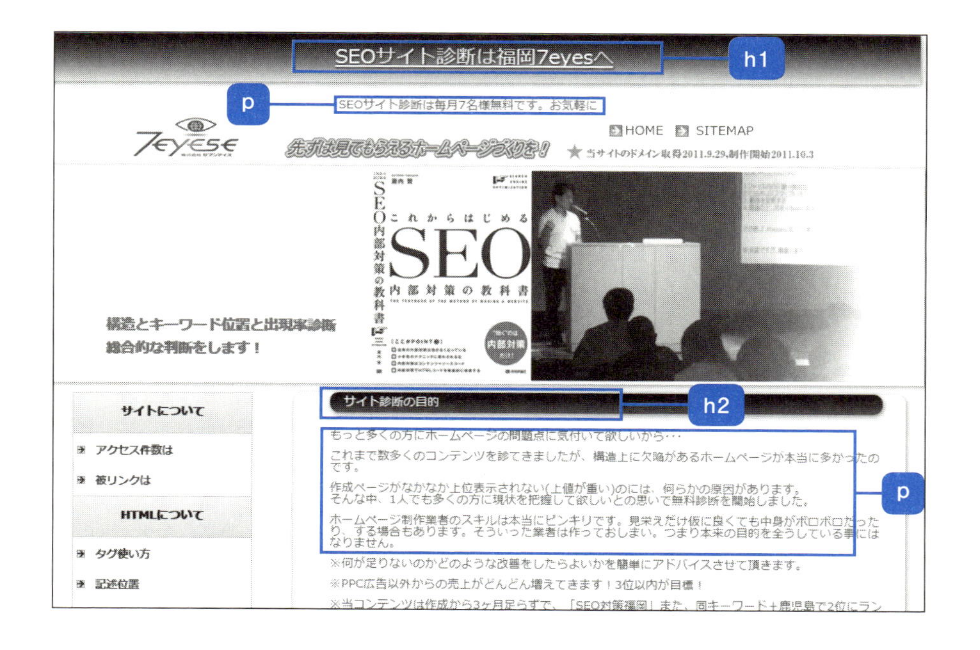

なお、h2タグ下のpタグについては、文章が長くなり、ファーストビューからはみ出す可能性もあります。その場合は、重要キーワードがファーストビューの表示範囲内にあれば十分です。

このような方法でファーストビューに重要コンテンツを配置することで、そのページの評価を高めることにつながります。
反対に、このファーストビューのエリアに重要コンテンツがほとんどないページの場合、訪問者に対するユーザビリティが劣るページとなってしまいます。結果、Googleからの評価も低いページとなります。

なお、左側にあるメニューエリアにおいても、ファーストビューに見える範囲に、重要キーワードを優先的に記述するようにしましょう。

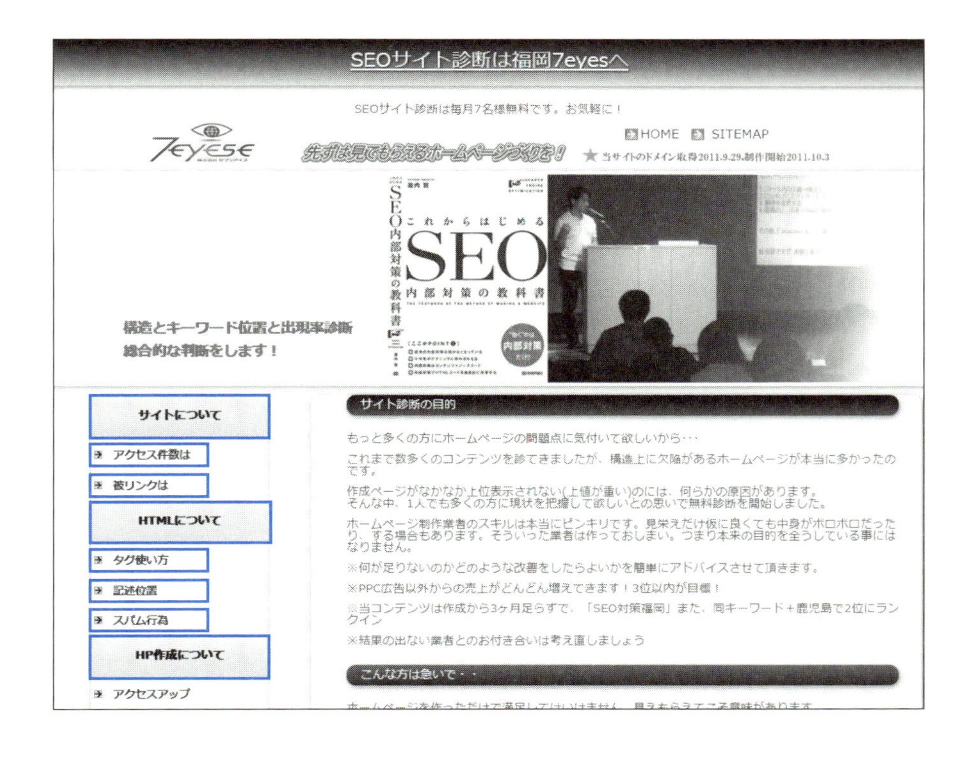

HTMLコードの記述順位について

検索エンジンのロボットは、HTML のソースコードを上から順に読み取っていきます。そのため、ファーストビューの視覚的な配置だけではなく、h1 等の重要タグを含めたコンテンツ領域を、

ソースコードのできるだけ上の方に記述する

ことが重要です。

例えば、2 カラム構成のページがあるとします。

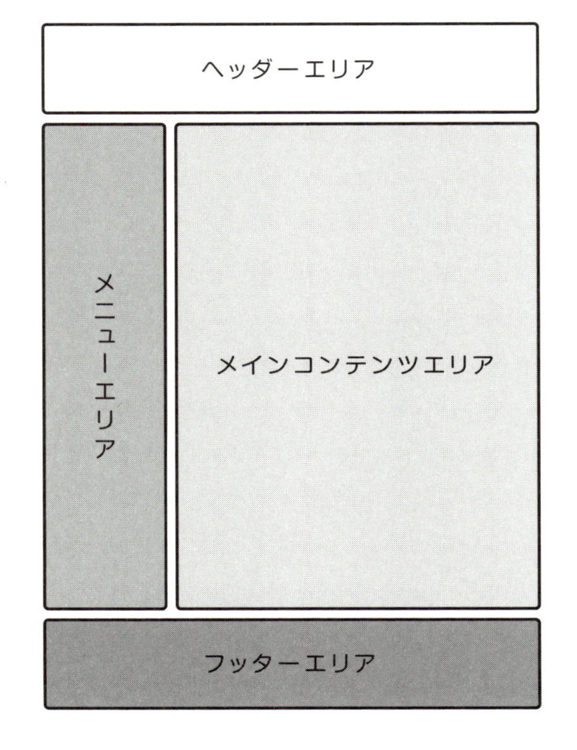

このようなレイアウトのページの場合、次のような順番でHTMLの記述を行うべきです。

❶ヘッダーエリア
❷メインコンテンツエリア
❸メニューエリア
❹フッターエリア

ここで重要なのは、❷のメインコンテンツエリアのコードを記述した後に、❸のメニューエリアを記述するということです。その後、CSS側のfloatプロパティにて、配置調整を行います。

現在、CSSによるエリア判別の技術も上がってきているようですが、いまだ､複雑すぎるHTMLを苦手としている可能性も否定できません。また、読み込む途中で致命的なソースコードエラーや複雑なソースコード、ボリューム過多などがあった場合に、最後まできちんと理解してくれるか、不安な部分もあります。

そのため、ここで解説した記述順位については、しっかりと配慮を行っておいた方がよいでしょう。

ZとFの法則をページレイアウトに組み入れる

ページレイアウトの考え方に、Zの法則とFの法則というものがあります。これは、人間の目は無意識のうちにこの法則に従って情報を目で追いかけているという考え方です。

Webページのレイアウトに Z と F の法則をあてはめてみると、以下のような視線の移動になります。特にWebページにおいては、Fのラインに従って、訴えたいコンテンツやアイキャッチを配置するのが効果的です。

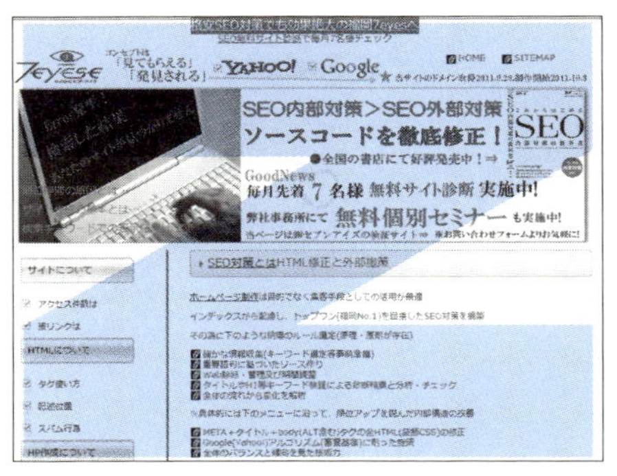

Zの法則

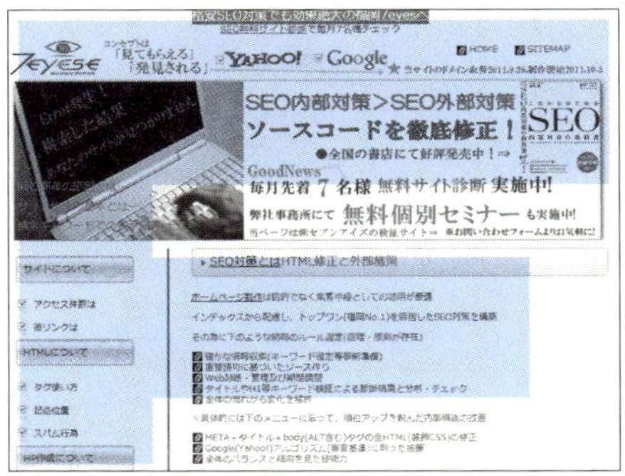

Fの法則

これらの法則は、直接的にはSEOとは無関係に思われるかもしれません。しかし、得たい情報をより発見してもらいやすくなることが期待できます。そして、自然な視線の流れに合うようにコンテンツを配置することで、ユーザーにWebサイトの内容を理解してもらいやすくなり、離脱率を減らす効果につながっていくかもしれません。結果、ユーザビリティの向上にも寄与します。

総じて、すべてはユーザー目線で施策を行うことからSEOは始まります。視線の流れを意識したページレイアウトを設計し、ユーザビリティを高めることが、間接的にSEO効果を高めていくことにつながるはずです。

顧客思考トレーニング

- 重要なコンテンツはファーストビューに配置しよう
- HTMLコードの記述順位に配慮しよう
- ZとFの法則を意識しよう

LESSON 13 内部リンクを設計しよう

共通リンクは機能性を重視する

SEOという観点から、リンクを張ったアンカーテキストにキーワードを盛り込むことは、これまで重要な方法とされてきました。
例えば「格安ホームページ制作」というキーワードで上位表示を狙う場合、次のようなコードを記述します。

```
<a href="hp.html">格安ホームページ制作</a>
```

しかし、アンカーテキストの効果があるからといって、すべてのリンクにおいて、上位表示させたいキーワードを入れ込めばよいかというと、そうではありません。なぜなら、上位表示させたいキーワードがすべてのリンクに含まれている状態というのは、

Webサイトの在り方として極めて不自然

だからです。通常、故意に操作していないリンクというのは、リンク先の内容に合わせた文言や内容となっているはずです。上位表示させたいキーワードを無理やり詰め込むような行為というのは、ユーザーの使い勝手や自然な印象を軽視することにつながり、最終的にGoogleからの評価をも落とすことになります。

例えば一般的な2カラムのページの場合、主にフッターやメニューエリアもしくはグローバルナビゲーションに、全ページ共通部分としてのリンクを施すことが多いと思います。
例えばコーポレートWebサイトにおいては、会社概要やWebサイトポリシー、連絡先へのリンクなどです。

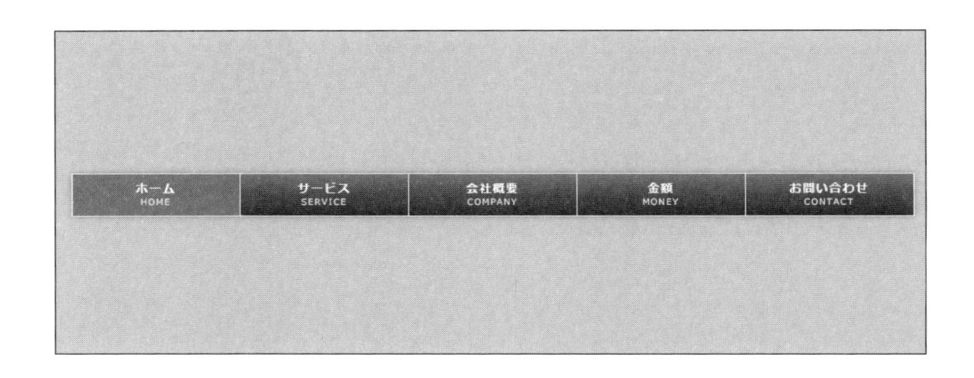

しかし、このような全ページ共通のエリアにおいて、無理やり特定のキーワードを組み込んだテキストリンクを設置してしまうと、下のように不自然で、過度なSEOとして、ペナルティの要因になる可能性があります。

そのため、フッターやグローバルナビゲーション、メニューエリアといったWebサイト共通のリンクにおいては、

過剰に重要語句を記述することは控えたほうがよい

でしょう。
こうした全ページ共通のリンクというものは、機能性重視のリンクです。純粋にページ移動のためのリンクとしての機能性を考えると、キーワードが盛り込まれた長文のリンクよりも、短い単語でリンク先の情報を伝えるアンカーテキストの方が、ユーザーの利便性が高まることは言うまでもありません。

なお、こうした機能性重視のリンクの中でも、特にパンくずリストからのリンクは、ユーザビリティとして役に立つことから、GoogleからのSEO評価が高いようです。

コンテンツ重視のリンクにはキーワードを入れる

それではこうした「機能性重視のリンク」とは別に、Webサイトを訪問してくれたユーザーにぜひ見てもらいたい、「コンテンツ重視のリンク」については、どのように考えればよいでしょうか？

こうした「コンテンツ重視のリンク」は、ユーザーにリンク先のコンテンツの内容を伝え、かつそれを魅力的と感じてくれた人がクリックしたくなるようなものである必要があります。そのため、リンク先のコンテンツの内容をキーワードとして抽出し、アンカーテキストに入れ込むことが重要となります。

例えば下記の「よい例」のテキストリンク部分は「アンカーテキストの書き方」と簡潔であり、リンク先の内容が理解しやすいものとなっています。それに対して「悪い例」のテキストリンクは長文となっており、リンク先の内容が不明確です。

◯よい例

一般的に、思わずクリックしたくなるような <a href="anchor.html"> **アンカーテキストの書き方** </a> **には理由があります。**

×悪い例

<a href="anchor.html"> **一般的に、思わずクリックしたくなるようなアンカーテキストの書き方には理由があります。** </a>

そして、このようにリンク先のキーワードを入れ込んだリンクは、

ヘッダーエリアなどのファーストビューの範囲やメインコンテンツエリアに配置する

のが効果的です。ファーストビューの重要性は、P.70 で解説した通りです。この部分に、重要なキーワードを含むアンカーテキストが配置されることで、Google がそのキーワードの重要性を認識しやすくなります。
またユーザーも、関心のあるページへのリンクがファーストビューに配置されていることで、必要な情報へのアクセスがしやすくなるという、ユーザビリティ上の利点があるのです。

また、HTML ソース上で最初に現れるリンクの方が、後に現れるリンクよりも重要なリンクとみなされる可能性が高いといわれています。重要なリンクは、ソースの最初の方に記述することも覚えておきましょう。
また、その際のリンクは、画像ではなくテキストリンクの方が無難です。

重複リンクを減らす

以前、Googleのウェブマスター向けガイドラインでは、ページ内のリンク数はGoogleのクローラ性能も背景に、100件未満に抑えることが推奨されていました。現在ではその内容も変更されていますが、原則、

同一ページ内からの同一ページへの重複リンクはできるだけ控えるべき

です。なぜなら、リンク1件当たりの評価効果が下がってしまう可能性があるからです。同一ページ内における同一ページへのリンクは、なるべく1つにまとめた方がよいでしょう。

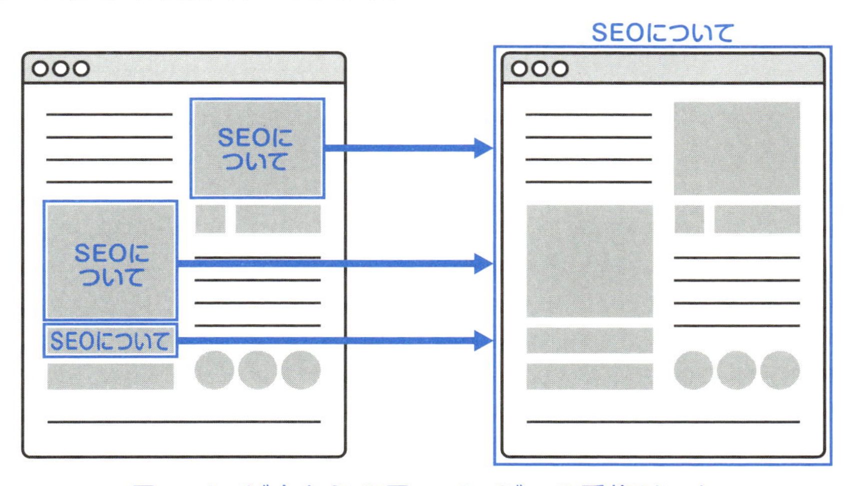

同一ページ内からの同一ページへの重複リンク

また次の画面では、サイドメニューに「SEO とは」というリンクがあります。しかし、表示されているこの画面は、すでに「SEO とは」のページであり、このリンクをクリックしても、現在のページが再度読み込まれるだけです。

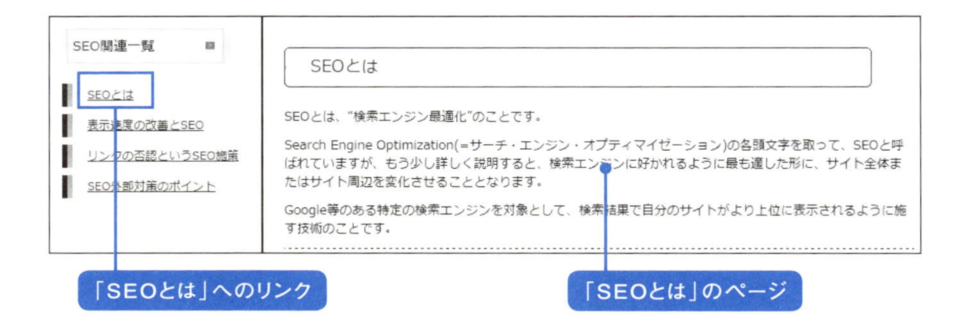

これではユーザーに対して無駄なクリックをさせてしまうことになり、ユーザビリティを損ねる結果となります。
リストをコピー&ペーストで作ることが多いのか、同じリンクの一覧が常に表示される Web サイトも多く見かけますが、ユーザー目線で必要か否かを判断し、もしも不要ならば、外すことが重要です。

Webサイト全体のリンク構造について

Web サイト全体のリンク構造を構築していく上でもっとも重要なことは、

**ページどうしのつながりが
きちんと体系化できているか**

ということです。この体系化の内容を、下記に記しておきます。

❶関連性の高いページへのリンクがきちんと施されている

関連性の高いページへリンクをつなぐことで、より早く目的のページへ到着できます。

❷関係性の薄いページにはリンクをつながない

多くの方がよく勘違いされているのですが、ただ単にリンクを密にすればよいということではありません。関係の薄いページへ無理につなげようとすると、ユーザビリティを損ねる結果となります。
ここで、網目状に内部リンクをつなぐメッシュ型ということを推奨する方も多くいますし、私も要旨としてはほぼ同意見です。しかし、意味もなくただ単に網目状になればよいとむやみやたらにリンクを設置することは、閲覧者に対してのメリットをもたらさず、検索エンジンからも適切な評価を受けられなくなる可能性を秘めています。その意味で、リンク集のような作りもおすすめできません。

❸直接の関連性は低いが、参照、補足したいページへのリンクが施されている

❷とは逆ですが、文中の流れで一見関係性が低いように見えるページでも、補足したい、または参照したいページを紹介し、リンクを施すことで、ユーザーはページの内容を比較して考えることができます。

このように、基本スタンスとして、機械的にリンクを施すのではなく、顧客思考の目線で使い勝手のよい、ユーザビリティを基盤にしたリンク構造が求められています。そのスタンスが結果として、次のような傾向に自ずと近づいていくのです。

- 網目状になりやすい（ただし、むやみやたらにつなぐことはNGです）
- ピラミッド構造になりやすい
- Webサイト全体の構造が把握しやすい

また、P.63でも述べた通り、Webサイト内の階層を浅くすることは、クローラに与えるストレスを軽減させることとなり、クローラビリティ向上にもつながります。
なおかつ、少ないクリック数で、すべてのページを閲覧することができるので、結果的にユーザーストレスの軽減にもなり、ユーザビリティの面も改善されます。

このように、ユーザー目線でのリンクを施した結果として、トップページに近いほど内部リンクが集まりやすくなり、Googleからの評価が高まることから、結果的に

上層ページの上位表示にも役立つ

構造となっています。

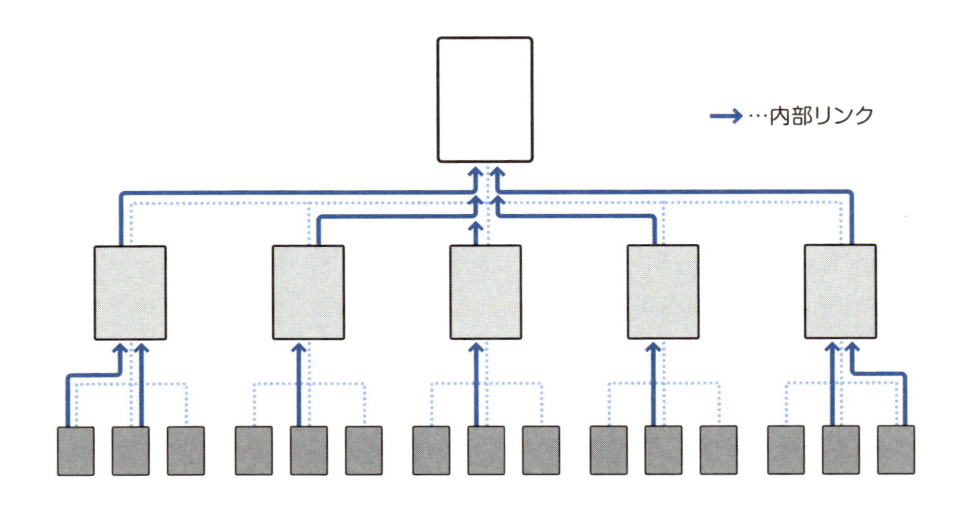

またリンク階層だけではなく、ディレクトリ階層についても、可能な範囲で簡潔にすることが望ましいです。
それは、ユーザーがWebサイト内部のどこにいるのかが理解しやすくなるためです。

また、次の「at○」フォルダのように、内容とは無関係なディレクトリ名を使用するのではなく、そのディレクトリの内容を表すような名前をつけることを推奨します。

.../at1/at2/at3/at4/at5/at6/page.html

例えば次のような例です。

../japan/kansai/nara.html

以上、内部リンクの設計について解説しました。すでにできあがっているWebサイトについては変更が困難な場合もありますが、関係者間でよく協議を行い、可能な範囲で工夫・改善をしていきましょう。

顧客思考トレーニング

- リンクの性質の違いを意識しよう
- コンテンツ重視のリンクには関連キーワードを入れよう
- ユーザー目線でリンク構造を作ろう

第3章

POINT 2

「Webサイトデザイン」で顧客思考のSEOを実践する

ここでも「顧客思考」の視点に立って、Web デザインを考えていきます。
会社や業務形態によって様々ですが、Web デザイナーは、画像素材を中心として、その制作にあたることが主な仕事です。
ただし、そこに SEO が介入すると、コーディング手法など、その周辺作業とのインターフェイス（接触面）を把握した上で、相互に連携を図っていくことが重要となります。
例えば、どこの部分にどのようにして画像を用いていくのか？　など、その使用位置や使用数、使用方法を誤ってしまうと、検索エンジン、引いてはユーザーにとっても、PR 力の弱いものとなってしまう可能性があります。
つまり、Web デザインのセクションにおいても、「顧客思考」を基盤とした流儀を身に付けることが、これまで以上に求められるようになると考えています。

LESSON 14 使用する画像を決定しよう

画像の読み込み時間に配慮する

現在は、技術革新に伴い高速な回線が普及しています。とはいえWebサイトによっては、今なおその表示速度に大きな差があるのが現実です。
そしてユーザビリティの観点から、

Webサイトの表示速度をなるべく速くする

ことがユーザーからは望まれています。
Webサイトの表示速度が遅くなる原因として、

画像ファイルのサイズや使用数

が大きく関わっています。そのため画像を使用する上では、読み込み完了までに多くの時間が掛からないような配慮が必要です。

とはいえ、表示速度を優先するあまり画像の質を大きく落としたり、数を極端に減らしたりすれば、Webサイトとしてのクオリティを損なう結果となります。また、まったく画像がない、あるいは必要と思われる場所に画像がないというのも違和感がありますし、ユーザーにとっての利便性も悪くなります。

このような観点から、読み込み時間を念頭に置きつつ、画像のファイルサイズや数を考慮することが必要です。
その上で、装飾としての画像はもちろんのこと、テキストの内容をわかりやすくするために必要な画像を配置するようにします。

HTMLとCSSの使い分け

Webサイトでの画像の使用方法には、

HTML側で用いるimg

と、

CSS側で用いるbackground-image

の2つの方法があります。ここでは、HTMLのimgとCSSのbackground-imageを使い分ける際のポイントについて解説します。

❶ imgタグはテキストの内容をカバーする画像に用いる

コンテンツの内容を補完するための画像で、その画像がないとページが成り立たない、または物足りないと感じられるような場合は、imgタグを使用します。例えば、解説のための図や商品写真など、テキストの内容を補うために用いるものです。imgタグで指定することにより、仮に何らかの原因でCSSが欠けてしまったとしても、内容を表す上で最低限必要となる画像が、HTMLでの指定により生き残ることになります。

❷ **background-image は装飾目的の画像に用いる**
装飾を目的として使用する画像は、背景画像としてCSSで「background-image: url（画像ファイルのアドレス）;」を用いて指定します。デザイン上は重要でも、ページの内容を伝える上では、必ずしもなくてよい要素です。

❶のimgで画像を指定するべき場所としては、主にメインコンテンツエリアの内部が挙げられます。

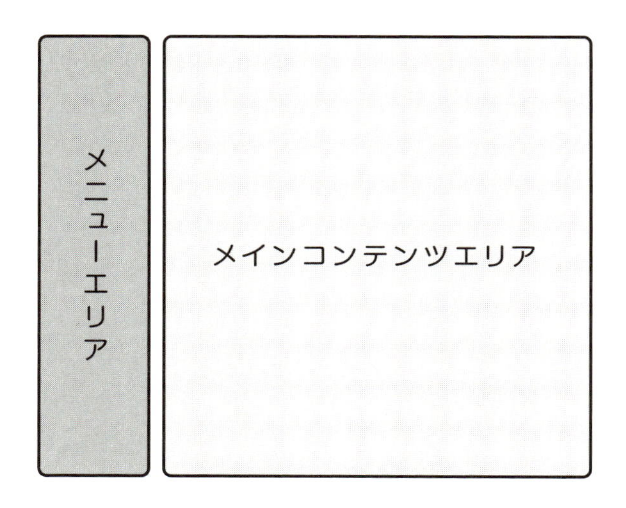

上の図のように2カラムのページの場合、メインコンテンツエリア内には、このページの内容を特徴づけるコンテンツが入ることになります。こうした役割を担う画像は、

テキストを補完する役割を担う

ものとして、imgタグで指定するのです。
このとき、次のような方法によって画像を認識されやすくすることで、ユーザーの利便性、およびSEO効果を高めることができるようになります。

・alt 属性で画像の内容を説明する
・各画像の周辺に短いキャプションを添える
・XML サイトマップへ画像を登録、送信する（P.237 参照）

HTML5 からは、画像に説明（キャプション）をつけることを目的として、figure タグが新たに追加されました。その中のキャプションは、figcaption を用います。

```
<figure id="akb48">

  <img src="akb48-poster.jpg" alt="AKB48 のポスター "
  width="100" height="100">

  <figcaption>AKB48 のインタビューシーン </figcaption>

</figure>
```

※ XHTML 以前の場合は、div や p で作成します。

皆さんの Web サイトにおいても、img による画像指定では alt 属性に加え、キャプションを挿入するようにしてください。加えて表示速度が遅くならないよう、width や height も必須要素ですのでお忘れなく。

❷の CSS によって背景画像を指定するメリットとしては、

文字の背面に画像を敷くことで、テキストを引き立てることができる

ことが挙げられます。
特に、h1 や h2、h3 等の SEO 上重要なタグについては、HTML でテキストをしっかり用意した上で、CSS を使って、背面に装飾を施します。

【HTML 側】（※ XHTML の場合）

```
<h1>SEO について </h1>
```

【CSS 側】

```
h1{background:url (images/a.png)
            no-repeat;width:560px;height:39px;}
```

※その他、位置調整が必要な場合もあります。

【a.png】

SEOについて

このように、背景画像をどのような場面で用いればよいかを正しく理解し、かつ、全体としてのバランスを考えて用いるようにしましょう。

顧客思考トレーニング

- □ 画像の読み込み速度を考慮に入れて画像を使用しよう
- □ 画像の用途に応じて指定の方法を使い分けよう
- □ alt 属性とキャプションで利便性を高めよう

LESSON 15

背景画像を活用してキーワードを調整しよう

背景画像を使ったキーワード調整

SEOを考慮したWebサイトを作成する上で、文字数やキーワード比率の調整が必要となる場面が多くあります。同じキーワードを何度も使用しなければいけないが、SEO効果を考えるとこれ以上増やせない、といった場面では

背景画像とテキストを融合させる

ことで、問題を解決することが可能です。

例えば、"ランキング"という言葉を重複して使用する必要があるコンテンツの場合、次の画面のように「ランキング」の文字部分を背景画像に組み込んでしまうことによって、それがテキストとして用意されていなくても、見た目としてユーザーに内容が伝わるものとなります（例としてわかりやすいように、背景の画像文字はあえて下線なしにし、フォントにも少し違いをつけています）。

書籍　ランキング
エンタメ ランキング
テキスト　画像

この画面は、次のようなタグを画像実現しています。

【HTML側】

```
<div id="contents">

  <h2> ランキング一覧 </h2>

  <ul class="ranking">
    <li><a href="#"> 音楽 </a></li>
    <li><a href="#"> 映像 </a></li>
    <li><a href="#"> 書籍 </a></li>
    <li><a href="#"> エンタメ </a></li>
  </ul>

</div>
```

【CSS側】

```
#contents ul.ranking li{
  background:url(../images/navi.png) no-repeat;
  width:271px;
  height: 28px;
}
```

※その他、位置調整などのプロパティが必要な場合もあります。

【navi.png】

ランキング

顧客思考トレーニング

- これ以上キーワードを増やせない場合は、背景画像を活用しよう
- 画像内のテキストでユーザーの利便性を維持しよう
- CSSファイルが読み込まれなかった場合のことも考えよう

LESSON 16

CSSスプライトで表示速度を改善しよう

CSSスプライトで表示速度を上げる

P.88でも触れた通り、ページの読み込み時間を短くし、ユーザーへのストレスを軽減することは、顧客思考のSEOにとって、非常に重要な施策です。一説によると、ページの読み込みが0.5秒遅くなると、アクセス数が20%減少するという研究結果も出ているようです。

そして、ページの表示を高速化させる方法の一つに、

CSSスプライト

という手法があります。

CSSスプライトは、CSSで読み込む複数の背景画像を1枚の画像にまとめるというものです。それによって、Webページの読み込み回数(サーバーへのHTTPリクエスト回数)を減らし、加えて、画像間に少々のすき間があったとしても、トータルのデータサイズは少なくてすみます。そのため、表示速度を速くすることができるのです。

例えばAmazonのWebサイトでは、ページ内で以下のような画像がCSSスプライトとして使用されているようです。ページ内で使用する各アイコンが、1枚の画像としてまとめられています。

そして、この中で必要な箇所だけを、CSS の“background-position”プロパティで表示させています。

【HTML 側】

```
<h1> ランキング一覧 </h1>
```

【CSS 側】

```
h1{ background:0 -249px url(image/sprite.png) no-repeat;
    width:350px;
    height:52px;
   }
```

実際のものと数値などは異なります。その他、マージンやパディングなどの微調整が必要な場合もあります。

CSSスプライトのデメリット

CSSスプライトには、すでにご説明した通り「表示速度の改善」というメリットがあります。また、1枚の画像に多くの要素をまとめているため、画像管理が楽になるという利点もあります。ただし、CSSスプライトは、デメリットもはらんでいます。CSSスプライトとしてまとめた画像のうち、一部のアイコンのみを変更しなければいけない場合、画像全体を修正することになり、よけいな手間が掛かる場合があるのです。

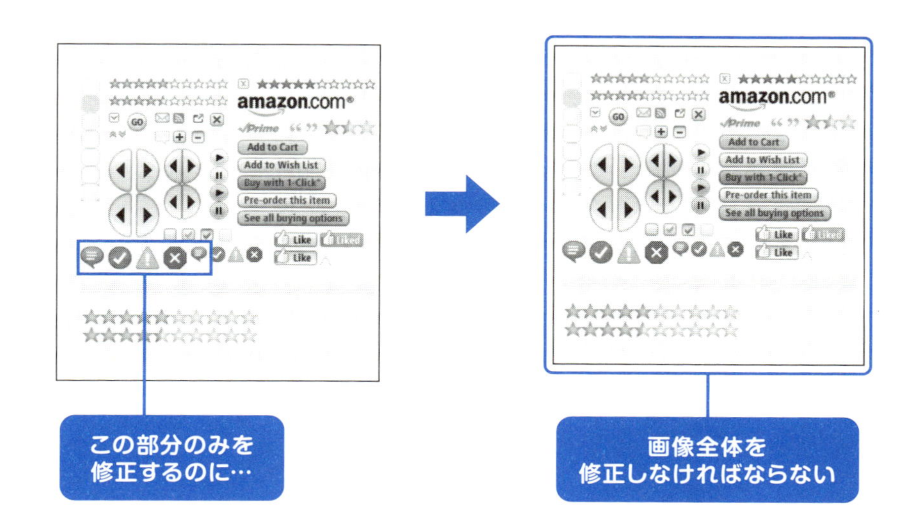

まとめると、背景画像として使用することを前提として、CSSスプライトでは下記のような点に注意して使用することをおすすめします。

❶変更する可能性の少ない画像においてのみ使用する
❷アイコンなど頻出する画像限定で利用する

CSSスプライトについては、表示パフォーマンスの向上が必要と感じた場合に、アイコンなど、ほとんど変更を必要としない部分について、一つの手法として試してみるのがよいでしょう。

CSSスプライトの使用例

実際にCSSスプライトを使用して作成したページがこちらです。

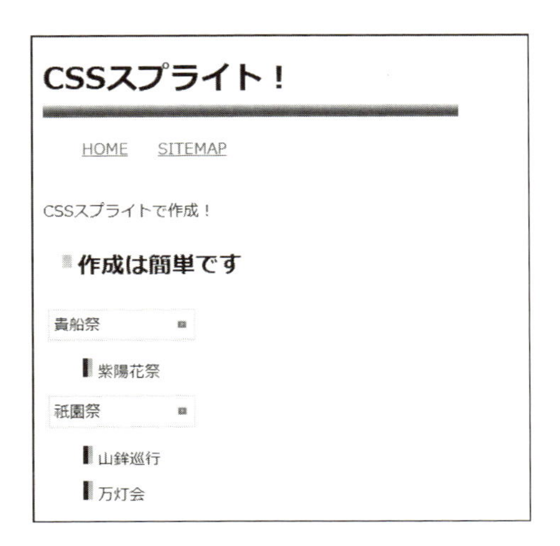

ここでは、h1、h2、dt、ddの背景にCSSスプライトを使用しています。これらの画像は、1枚の画像をCSSのbackground-positionプロパティで位置指定をして読み込んでいます。その1枚画像がこちらです。

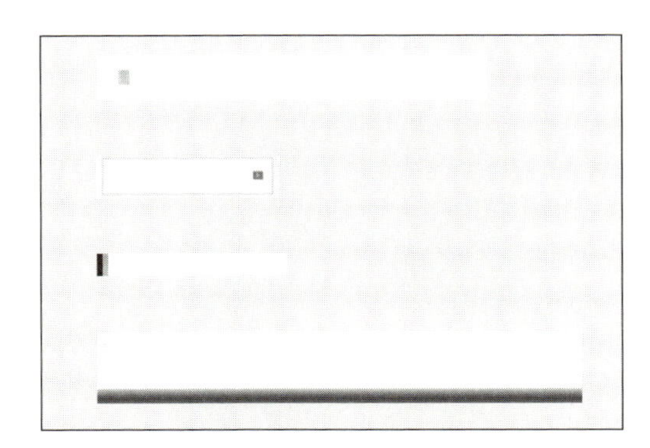

なお、CSS側の記述がこちらです。

```
h2{ background: 0 0 url(image/sprite.png) no-repeat;
width: 341px; height: 41px;}
dt{ background: 0 -91px url(image/sprite.png) no-repeat;
width: 159px; height: 38px;}
dd{ background: 0 -179px url(image/sprite.png) no-repeat;
width: 166px; height: 20px; }
h1{ background: 0 -249px url(image/sprite.png) no-repeat;
width: 424px; height: 64px;}
```

※加えて実際には、marginやpaddingなどでの微調整が必要になります。

最後に、ここ数年スマホユーザー数の増加も背景にあり、CSSスプライトのような手法を用いて、読み込み時間をなるべく少なくする工夫が、より一層求められています。

また、ここではご説明しませんが、アイコンなどの小さな画像で、なおかつ画像数が多くない場合は、base64形式で文字情報としてソースコードに埋め込むことで読み込み速度を速くするという手法もあります。

顧客思考トレーニング

- CSSスプライトでページの読み込み時間を短くしよう
- CSSスプライトのデメリットも知っておこう

LESSON 17 画像ファイルを圧縮しよう

なぜファイルサイズを小さくするのか?

SEOとして、ファイルサイズを小さくすることは有益な施策です。Webページのファイルサイズを小さくすることで、ページの読み込みが速くなり、結果、ユーザビリティの向上（ユーザーのストレス軽減）につながります。

次の画面は、Googleが提供しているPageSpeed Insights（https://developers.google.com/speed/pagespeed/insights/?hl=ja）というWebサイトの画面です。このWebサイトでURLを入力し、「分析」をクリックすると、ページスピードを改善するために具体的に何をすればよいかを案内してくれます。

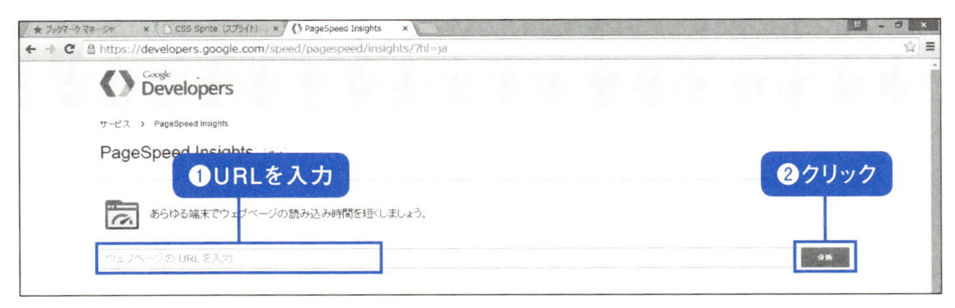

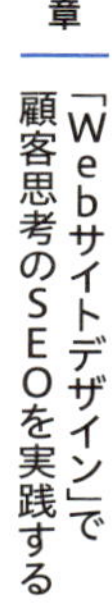

ここでは改善するべきポイントとして、

❶スクロールせずに見えるコンテンツのレンダリングをブロックしている JavaScript/CSS を排除する
❷画像を最適化する
❸ブラウザのキャッシュを活用する

の3点が指摘されています。

ここで、「修正方法を表示」のリンクをクリックすると、その改善箇所が表示されます。その指示通りに修正すると、ページの読み込み速度を改善することができます。
このようにGoogle自体がツールでの検証を求めていることからも、ユーザーストレスの少ない、高速なWebサイトを優遇するアルゴリズムは、今後一層、その重要性を高めていくのではないかと予想されます。

画像のファイルサイズを小さくする

画像のファイルサイズを改善するにしても、それによって画質が落ちることになれば、Webサイトの印象も悪くなり、本末転倒です。
そのため、ここでは"画質をなるべく落とさず"ファイルサイズだけを軽くするための画像圧縮ツール「compressor.io」をご紹介します。
compressor.ioは、オンライン上で利用するファイルの圧縮サービスです。「https://compressor.io/」にアクセスします。

トップページが表示されたら、「TRY IT!」をクリックします。

「SELECTFILE」をクリックします。画像を選ぶ画面が表示されるので、圧縮したい画像を選択します。

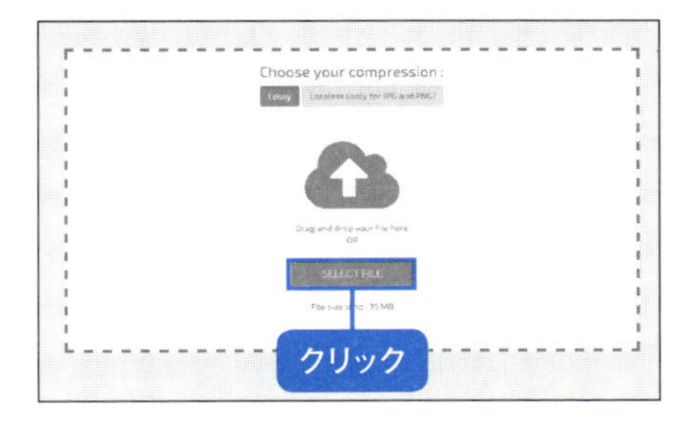

圧縮が完了したら、「DOWNLOAD YOUR FILE」をクリックします。圧縮されたファイルのダウンロードが開始されます。JPEGデータの場合、画像の圧縮後は、画質の劣化具合があまりに極端すぎないか、きちんと目で見て確認しましょう。反対に問題ないようであれば、再圧縮も検討してみてください。また、非可逆圧縮のため、元データの保存もお忘れなく。

このように、オンライン上のWebサイトツールを用いて画像のファイルサイズを改善できるので、とても便利です。その他、下記のようなオンラインツールもありますので、ぜひ活用してみてください。

- **tinypng**
  https://tinypng.com/
- **JPEGmini**
  http://www.jpegmini.com/

最後に、最適な画像形式の選定は、Google Developers（https://developers.google.com/web/fundamentals/performance/optimizing-content-efficiency/image-optimization?csw=1）にも示されています。用途に応じた推奨形式が細かく規定されていますので、参考にしてください。

顧客思考トレーニング

- □ 画像のファイルサイズを小さくしてページの読み込みを速くしよう
- □ 画像圧縮の際は画質の低下に注意しよう

LESSON 18

文字の調整をCSSで行おう

検索エンジンに文字情報を正しく認識させる方法

画像を用いる施策ではありませんが、デザインや装飾という観点から、ここでは文字の調整について解説を行います。例えば、文字と文字の間隔を調節したい場合、スペースをHTML内に入れると、ブラウザが空白を挿入してくれます。しかしSEOの観点からは、この記号を使ってはいけません。
なぜなら、人間の目では判別できても、

検索エンジンは続き文字として正しく認識することができない

からです。例えば、文中で「Web制作」という5文字を表示させ、それらの間隔を広げるべく、文字と文字の間にスペースを入れて、「W e b 制作」と記述したとします。
それにより、文字と文字の間に半角スペースと同程度の空きが作られます。

W e b 制 作

ここで、「制作」という単語で検索する場合を考えます。このページ内に存在するのは「制」と「作」という独立した文字であって、「制作」という単語ではありません。つまり、検索エンジンは空白の前後の文字の連続性を判別することができず、「Web」というキーワードでも検索にヒットしなくなる可能性があります。
また、ブラウザの音声読み上げがうまくいかなくなるなど、アクセシビリティの問題が生じる可能性もあります。

文字間隔は、CSS（スタイルシート）を用いて調節する

スペース（空白文字）で文字間隔を調節してはいけない理由はおわかりいただけたかと思います。それでは、文字間隔の調整はどのように行えばよいのでしょうか？　その方法が、CSS（スタイルシート）です。

文字間隔を調節するための「letter-spacing」というプロパティ

を使うことで、文字間隔の調整が可能です。

letter-spacingは文字間隔を広げます

上記の画面は、次のようなソースコードによって実現しています。

【HTML 側】

```
<p class="letter">letter-spacing は文字間隔を広げます </p>
```

【CSS 側】

```
.letter{
        letter-spacing: 13px;
       }
```

このように、HTML 上では空白なしのテキストを記述して、CSS で見た目を調整するようにしましょう。

顧客思考トレーニング

- 検索エンジンの特性を理解しよう
- 文字間隔の調整は CSS を利用しよう

画像の作成と管理上の留意点を知ろう

画像は専用フォルダにまとめる

ここまでのところで、Webサイトをデザインする上で必要となる施策、主に画像の取り扱いについて、解説を行ってきました。ここではそのまとめとして、画像の作成と管理上の留意点について解説を行います。

まず、画像ファイルは専用のフォルダにまとめましょう。それは、画像の保存場所を1か所にまとめることで、

画像へのパスを簡潔にする

ことができるからです。
例えば「imagesフォルダ」にすべての画像を保存しておくとします。
すると、下記のように画像の場所を支持するURLがシンプルとなり、その画像ファイルにクローラが回りやすくなります。

❶ imagesフォルダ内にアイコン画像をまとめた例
http://7eyese.com/images/icon/list.png

❷ imagesフォルダ内に風景画像をまとめた例
http://7eyese.com/images/scenery/sea.jpg

この例のように、画像の種類や数が多い場合は、管理上「imagesフォルダ」

の内部でささらにフォルダを分けることが必要です。
その場合、「icon」や「scenery」のように、フォルダ名においても、括りとして意味のある名前をつけましょう。

固有のファイル名をつける

次に、画像のファイル名にはpage1、page2、page3…のような簡易的なものではなく、その画像にふさわしい、簡潔かつ固有の名前をつけるようにしましょう。
例えば、アイドルのAKB48に関する画像ファイルがあった場合、どのようなファイル名をつけるべきでしょうか？

◯よい例

akb48.jpg

×悪い例

113577881358desu.png

よい例のように、簡潔で画像に関係のある名前をつけることが推奨されています。悪い例のように、何を表しているのかわからない名前はNGです。

以上が、画像およびその周辺に関する、SEOのデザイン上の留意点です。
デザイナーの方に上記の内容を伝え、SEOに考慮して作成してもらうよう、事前に打ち合わせを済ませておきましょう。

顧客思考トレーニング

- 画像ファイルは専用のフォルダにまとめよう
- 内容に即したファイル名をつけよう

第4章

POINT 3

「HTML&CSSコーディング」で顧客思考のSEOを実践する

ソースコード・タグは、内包しているコンテンツ部分を支える、プラットフォームとしての役割を担っています。
そのため、検索エンジンに最大限のアピールをするためには、コーディングのスキルを駆使して理想的な土台を造ることが、検索順位の明暗を分ける要因のひとつとなっています。
つまり、Google ≒顧客思考に基づいた構造というものが、その下支えとなるのです。
シンプル・明解な記述を念頭に、理に適ったソースコード基盤の構築を目指してください。

LESSON 20 body内を整理整頓しよう

SEOとコーディングの関係

コーディングを行うにあたり、SEOの観点で重要なことは、ソースコードを理解しやすいものにするということです。Webページの要素には、

表示方法を指定するタグやプロパティ

と

コンテンツの内容であるテキスト

の2つの情報が含まれています。そして、ユーザーによって本来重要なのは、後者の「コンテンツの内容であるテキスト」であるはずです。
その点で、「表示方法を指定するタグやプロパティ」に余計な情報が含まれていたり、無駄に煩雑な場合、ユーザー、およびGoogleの検索エンジンからの評価は低いものとなります。そのため、W3Cに準じ、エラーが少なく、シンプル・明確な記述を心がけるべきです。

本章では、こうしたWebサイトのソースコードを、顧客≒Google目線から見直していく方法を解説していきます。

ソースコードの順番を変える

今回は、ソースコードの中でもとりわけ重要な、body 内のソースコードを整理する方法について解説を行います。
まず最初に考えるべきことは、ソースコードを記述する順番です。
次のような2カラムの Web ページがあったとします。

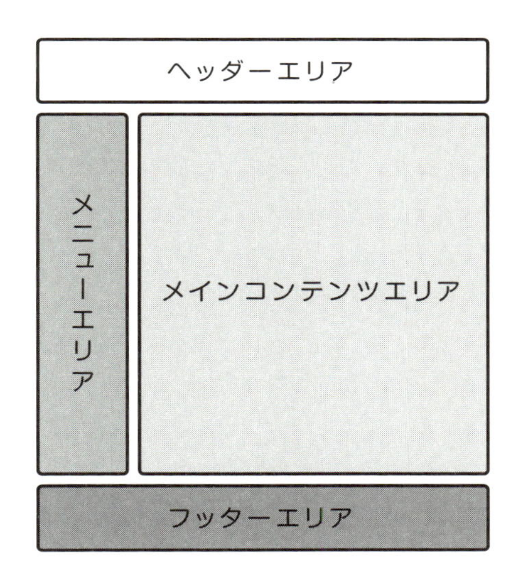

この場合、次のようなエリアの順番で HTML を記述するべきです。

❶ヘッダーエリア
❷メインコンテンツエリア
❸メニューエリア
❹フッターエリア

P.74 でも解説したように、検索エンジンのロボットは、上から順にページを読み込んでいきます。そして、これまで試してきた結果からは、ページ上部の情報の方が、下部の情報よりも重要だと認識していると考えます。

Googleの検索エンジンが上から順に読み込んでいくことを想定し、重要なことを最低限PRするという意味でも、まずは

重要なことから先に記述する

という順番を、現況抑えるべきでしょう。

なお、この施策については、技術革新に伴い、現在ではこの順序を気にする必要はなくなっているという見解もあるようです。しかしながら、後に説明する消去法で考えた場合に、やはり重要エリアへの記述順に優先順位をつけることが、いまだ必要だと私は考えています。

Google Developers内の推奨方法としても、メニューエリアとメインコンテンツエリアの2列構成の場合、メインコンテンツをHTMLで先に読み込むことなど、記述改善の検討を促しています。

CSS属性をインライン化しない（body内）

次に、ご自分のWebサイトのHTMLソースを見て、body内に次のような属性が含まれていた場合、それを排除していくことをおすすめします。例えば以下のような属性です。

- 文字の大きさ
- 文字の太さ
- 文字の色
- 背景色

このような属性が含まれているHTMLソース（h2タグ）は、例えば次のようになります。

```
<h2 style="font-size: 15px;font-weight: bold;color:
red;background: black">一元管理について</h2>
```

このような装飾のためのタグは、できる限り、

HTML側ではなくCSS側で行う

ようにしてください。

なぜなら、HTML側で装飾を施すタグはコードの不要な重複につながる場合もあり、Googleに冗長なタグと判定され、SEOにおいて不利になるからです。HTMLタグの中身は必要最低限にとどめ、できるだけシンプルにすることが重要です。

それでは、改善例を実際に見てみましょう。

【HTML側】

```
<h2>SEO顧客思考について</h2>
```

【CSS側】

```
h2{
    font-size: 15px;font-weight: bold;color:
    red;background: black;
   }
```

HTML側ではなくCSS側で装飾を行うことにより、HTMLをシンプルにすることができます。また、HTML側のファイルサイズを減らすという観点からも、有効です。

なお、段落を意味するｐタグについては、ページ内で数多く使用することが予想されます。そのため、他のｐタグとの使い分けを行うためにも、“id”や“class”を利用し、名前をつけたほうが無難です。

例えば下記のようなコードは、

```
<p style="font-size:7px;background-color:blue;">SEO は 顧客を軸に考えることが重要です。</p>
```

id 名として「point」という名前をつけ、次のように改善を行います。

【HTML 側】

```
<p id="point">SEO は顧客を軸に考えることが重要です。</p>
```

【CSS 側】

```
#point{
        font-size:7px;
        background-color:blue;
        }
```

これにより、HTML のコード内に余計な装飾の指示がなくなり、よりシンプルなコードを実現することができます。

明解でスマートな記述を行う

また、明解でスマートな記述を心がけることも重要です。ここで、以下のページのソースコードに対して改善すべき点を具体的に解説します。

```
<section id="lead">
  <p class="lead_photo"><img src="images/lead_photo.jpg"
  width="250" height="165"  alt=" コーヒーのイメージ写真 "></
  p> ❷
  <h2><img src="images/lead_h2.png" width="391"
  height="23"  alt=" おいしいコーヒーはいかがですか？ "></h2> ❶
  <p>Cafe タッキーは、瀧内珈琲株式会社がプロデュースする新しいヨー
  ロピアンスタイルのカフェ。</p>
  <p> エスプレッソやカプチーノなど、おいしいコーヒーを手軽に味わえ
  るお店です。</p>
</section>
```

まず P.72 でも学びましたが、重要性の高い見出しタグ（hx）については、テキストを使うようにします❶。例のように画像を使用したのでは、Google に対しての PR 力が弱いものとなります。

また、「p class="lead_photo"」内部の img 指定された画像は、どの程度重要な画像でしょうか？　これがもしも PR したい、売り出したいような重要商品であれば、ぜひ img で指定すべきです。しかし、決して参照してほしいわけではなく、文章を引き立てるための、装飾目的のイメージ画像であれば、CSS で指定する背景画像で十分でしょう❷。

❶❷について改善を行った結果、次のようなソースコードになりました。

【HTML 側】

```
<section id="lead">
  <h2> おいしいコーヒーはいかがですか？ </h2>
    <p>Cafe タッキーは、瀧内珈琲株式会社がプロデュースする新しい
    ヨーロピアンスタイルのカフェ。</p>
    <p> エスプレッソやカプチーノなど、おいしいコーヒーを手軽に味わ
    えるお店です。</p>
</section>
```

【CSS 側】

```
#lead{background: url(images/lead.png) no-repeat;
  width:665px; height:167px;
}

#lead h2{margin-left: 270px;}

#lead p{margin-left: 270px;}
```

<section id="lead"> のエリアそのものを、コーヒーのイメージ画像と右側のスペースを入れて、背景にしています。そして、その中に、h2 や p タグを入れています。

このように、現時点では適切、かつわかりやすいソースコードに変更することが求められています。
反対に、装飾目的ではなく、売り出し商品の PR などの場合は「img」とし、P.91 の内容を参考に、きちんとキャプションを挿入しましょう。

不要なタグを削除する

また、不要タグの削除も重要です。Webサイト作成ソフトを使用している場合など、知らず知らずのうちに、内容のないタグが残ったままの状態になることがあります。これを"空(から)タグ"といいます。空タグがよくないとされる理由は、次の通りです。

❶無駄なスペースや記述もファイルサイズにカウントされるため、それだけファイルサイズに影響を与え、読み込み時間に影響を与える
❷管理する側もおいても、メンテナンス面で悪い影響を与える

空タグは、ソースコードを複雑・肥大化させる原因となります。
下記のソースコードでは、2か所に空タグが入っています。

```
<head>

  (中略)

</head>
<body>

<div id="document">

  <h1 id="description"><a href="contact.html">Webサイト制
  作の福岡7eyes</a></h1>

  <p id="ce">SEO効果を発揮するために正確なソースコードにこだわ
  ります</p>

</div>

<div id="contents">

  <h2> </h2>❶
```

```
    <p> ブロック要素の括り方や h1 等の重要 hx に注意 </p>
      <div class="section">

      <h3>SEO に強い構造およびユーザビリティに配慮 </h3>
      <p>  <br /> <br /> <br />  </p> ❷
      <!-- /.section --></div>

    <!-- /#contents --></div>

  <!-- /#document --></div>
  </body>
  </html>
```

※上のソースコードにおいては、見やすくするために便宜上のスペースを入れている箇所があります。

❶ <h2> </h2>

h2 タグの中には何も入っていません。つまり、必要のないタグです。

❷ <p>

 </p>

p タグの中に改行の
 が2つありますが、中にテキスト（文章）が入っていないため、p も br も意味のないタグです。

無駄なタグがないか、ソースコードを定期的に確認することが必要です。空タグのような意味を持たないタグは、見つけ次第削除していきましょう。

加えて、CSS 側においても、不必要なものはきちんと削除しておきましょう。

顧客思考トレーニング

- シンプルなコーディングを心がけよう
- 重要なコードから先に記述しよう
- 属性定義は CSS で行おう

head内を最適化しよう

表示速度を改善する

Googleは、Webサイトの検索順位を決める要素の一つとして、ページの読み込み速度（Webページの表示スピード）を加味しています。その背景として、ページの読み込みに時間がかかると、多くのユーザーがストレスを感じます。中には、離脱してしまうユーザーもいることでしょう。
このように、Google、ユーザーの双方にとって、

読み込み速度はWebサイトを評価する上での重要な要因

となっています。
こうした読み込み速度に影響を与える要素には、画像、ファイルサイズなど、多々あります。その中でも今回は、head内における、表示速度改善のために行う施策の手順、および適切な記述順序について解説を行います。

ここで、表示時間の目安となるツール「PageSpeed Insights」を紹介します。

P.100の方法で自身のWebページのURLを入力し、「分析」をクリックすると、Webページの表示時間に対する評価を確認することができます。そして、この回で解説する施策を実践した後、どの程度表示時間の短縮ができたか、診断してみてください。

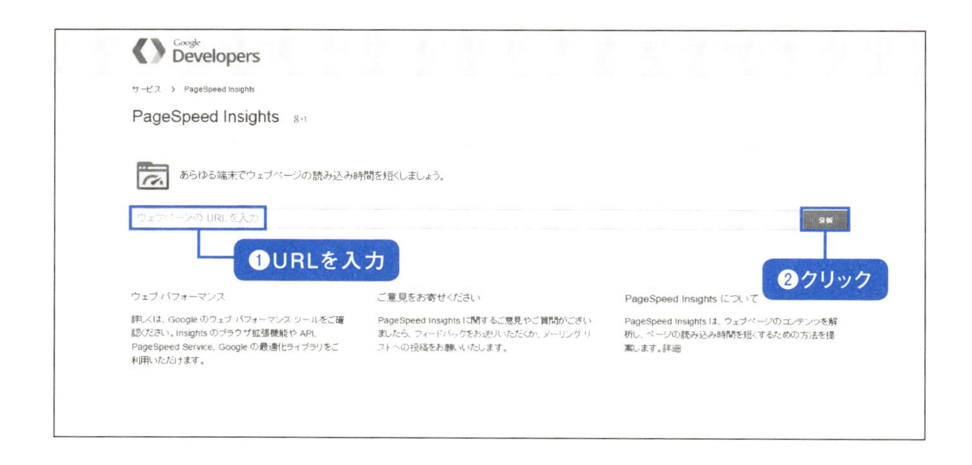

head内をスリムにする

まず、headタグ内に多くのソースコードを記述することは、読み込みの観点からも、不利な条件の一つとなります。そのため、

headタグ内は必要なソースコードのみ残し、不必要なものはそぎ落とす

ことが大切です。
またこれまで繰り返し解説しているように、検索エンジンはWebページを上から順に読み込んでいきます。そのため、head内の容量を少なくすることで、bodyタグまでの“道のり”が短くなり、検索ロボットに伝えたい情報が収まっているbodyタグまで、早く到達することができるので

す。今では、head内などの肥大化による影響はないということを示唆するGoogleの発言もあるようですが、どのようなレベルであっても問題ないか？　という点については、つじつまを考えると懐疑的な部分もあるようです。

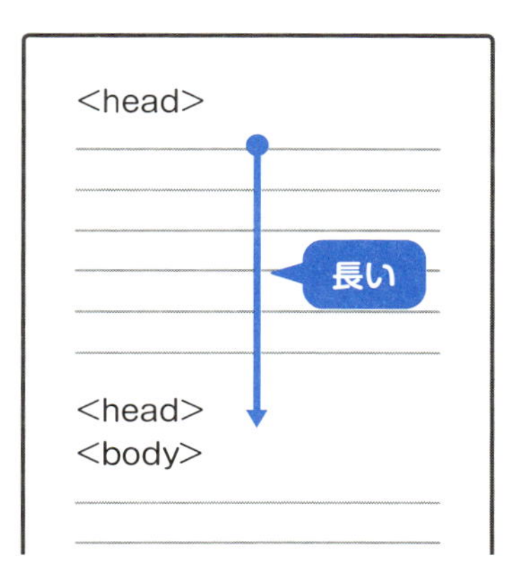

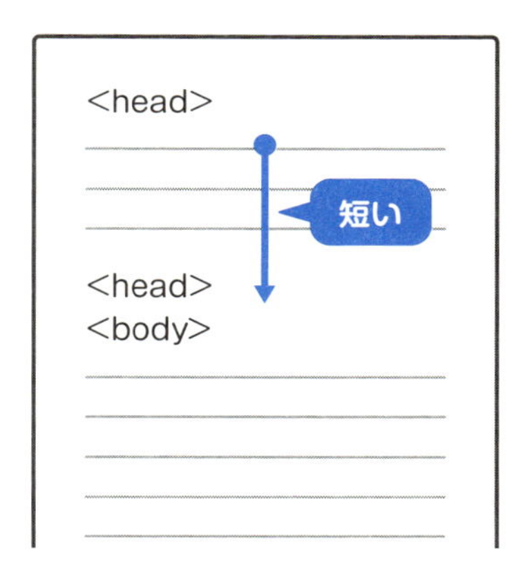

特に、JavaScriptのコードがページ上部のheadタグ内にあるページがよく見受けられますが、表示に支障をきたさないのであれば、検証のうえ、JavaScriptのコードは外部ファイルにして、

ページ下部である</body>直前に記述

したほうがよいでしょう(後述するキャッシュを利用した方法もあります)。また外部参照のスクリプトは、以前は

```
<script type="text/javascript" src="ik.js"></script></
body>
```

のように記述されていたものが、HTML5からは、

```
<script src="ik.js" async defer></script></head>
```

のように記述することで、ほぼ同じようなパフォーマンスを得ることができます（async属性で実行されますが、対応していないブラウザはdefer属性が実行されます）。

このように「async」を加えることで、head内部の記述でも、問題がなくなります。加えて若干ですが、「type="text/javascript"」を書かなくてもよいのでデータ削減にもつながります。
その他、無駄と思われるようなソースコードは、body同様、head内においても、徹底的に削除するべきです。

キャッシュの機能を考慮する

ここで、高速化を目的とした場合に、HTML内部にCSSやJavaScriptを記述するのと、外部参照にするのとでは、どちらの方が、短時間での読み込みを実現できるか考えてみましょう。

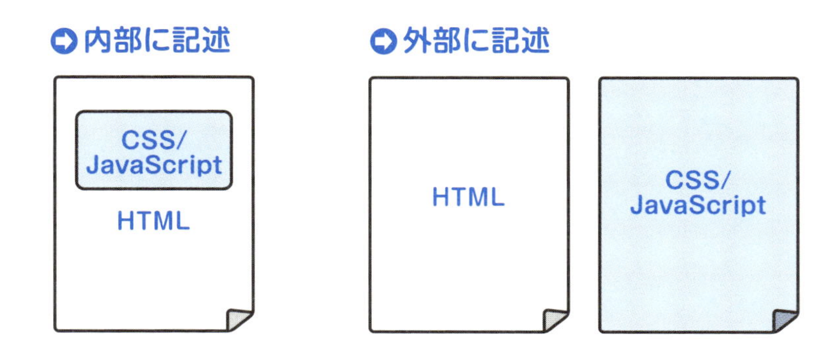

正解は、「内部に直接書いた方が、はるかに高速化できる」です。外部のファイルをいちいち読み込みに行くことなく、すべて一つのHTMLファイル内で完結するからです。

ただし、そこにキャッシュという仕組みを組み入れて調整すると、反対に、2回目以降は、外部参照の方が有利となるケースが多くなります。なぜなら、Webサーバからダウンロードすることなく、閲覧することができるからです。

「キャッシュ」とは、ブラウザが表示したWebページの情報を、パソコンやプロバイダのような中継サーバなどに一時的に記憶させておく機能のことです。同じWebページを再度閲覧した際に、Webサーバからのデータではなく、キャッシュに保存されたデータを参照することで、表示を高速化することができます。

キャッシュがない

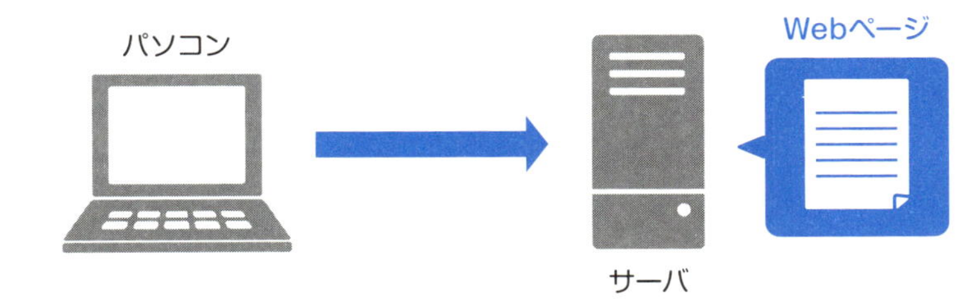

キャッシュがある（パソコンにキャッシュがある場合）

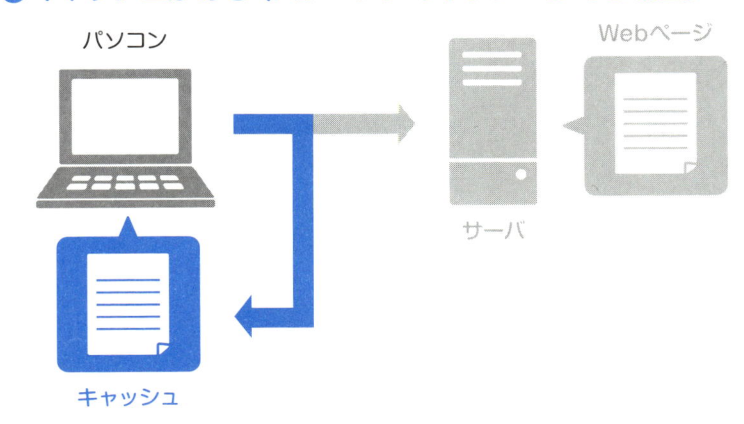

ここで、数多くのページをもつWebサイトがあるとします。そして、このWebサイトを構成するWebページは、それぞれ共通のCSSファイルを参照しているものとします。

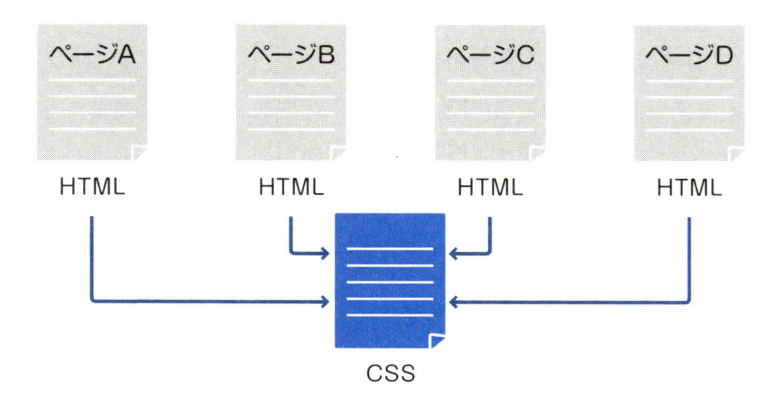

この場合、いずれかのWebページを閲覧すると、CSSファイルはキャッシュとしてすでにパソコンなどに保存されています。そのため、同じWebサイトの別のページを訪問した際、CSSファイルをあらためて読み込む必要はありません。

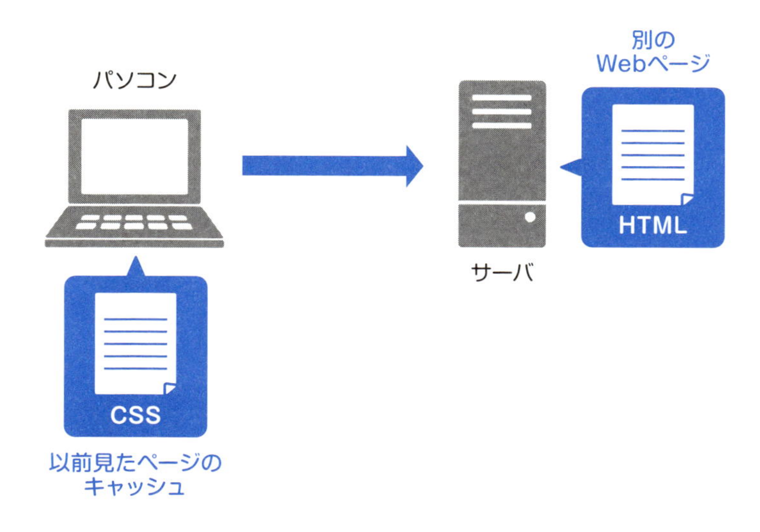

それに対してHTMLファイル内で完結させたWebページの場合、別のページを表示させるたびに、毎回HTMLファイル内のCSSの記述を読み込む必要が出てきてしまいます。

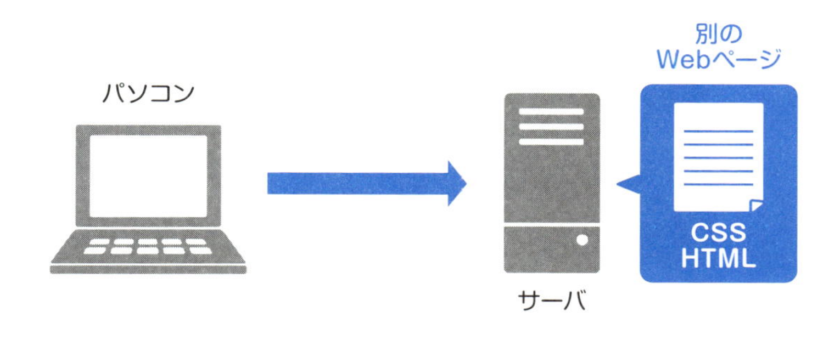

このように多くのページを保有し、なおかつリアルタイムで更新したページを見せる必要がないならば、キャッシュのあるCSS外部参照も流用した方が理にかなっています。また、複数のページで共通するCSSやJavaScriptを外部ファイルとして参照できるようにしておくことで、Webサイト管理者のメンテナンスも容易になります。

このような事情を鑑みると、外部参照の活用はおすすめです。

ただし、常日頃からリアルタイムで新しい情報を掲載しなければいけないようなWebサイトの場合、急きょどこかのスペースを空けて何かの情報を提供するなど、あえて内部に記述する必要性があるかもしれません。
例えば、Yahoo!のような大雨警報や地震速報等を取り扱っているニュースポータルWebサイトがこれに該当します。

このように、サイトの置かれる立場によって異なりますが、後ほど外部と内部参照の両方を使用していく手法も解説していきます（P.129参照）。

head内のソースコード記述順を入れ替える

ソースコードをheadの外に移動し外部参照にしたり、無駄と思われるソースコードを削除したら、次に、head内におけるソースコードの記述順を入れ替えます。それによって、読み込み時間を速くすることができます。

以下の画面のように、CSS、そしてJavaScriptの外部ファイルが並んでいるものとします。ここで、外部CSSは同時（並列）読み込みを行うことができるのですが、外部JavaScriptの場合、一つずつしか読み込むことができません。

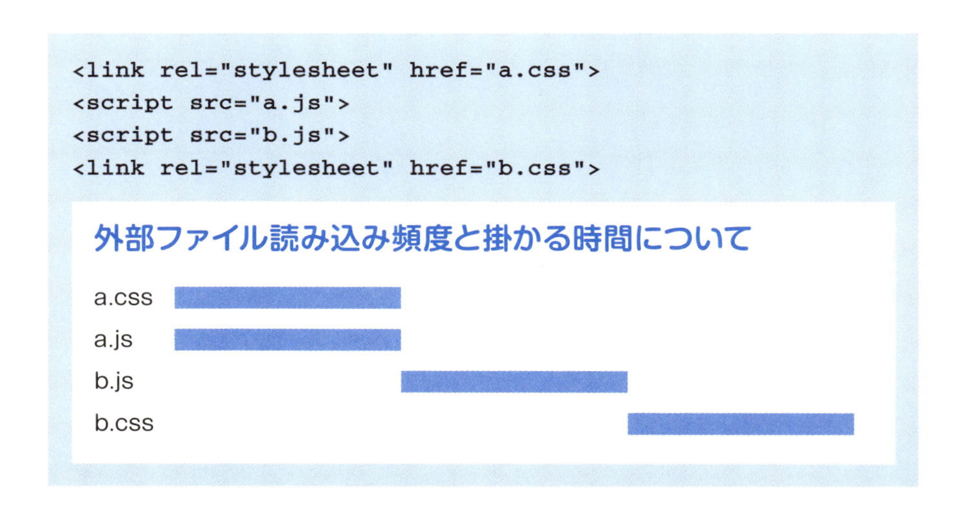

上の図のようにソースコードが記述されていると、JavaScriptは一つずつしか読み込めないことから、後に続く外部CSSの読み込みを待たせてしまうことになるのです。

この場合、次のように記述の順序を変更することで、CSSを先に同時に読み込み、あとから外部JavaScriptを順に読んでいくことで、

読み込みにかかる時間を確実に短縮する

ことができます。

```
<link rel="stylesheet" href="a.css">
<link rel="stylesheet" href="b.css">
<script src="a.js">
<script src="b.js">
```

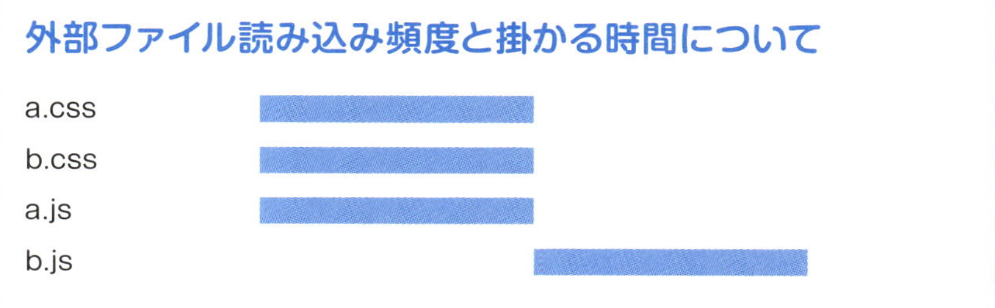

外部ファイル読み込み頻度と掛かる時間について

a.css
b.css
a.js
b.js

時間の短縮!!

この記述順序については、新しいバージョンのブラウザでは問題ないようですが、「古いブラウザに向けた対策」として必要となります。すべてのユーザーに対応させる、これも「顧客思考」のひとつです。

複数の外部CSSと外部JavaScriptをひとまとめにする

ここでもう一度、P.126の例を見てみましょう。

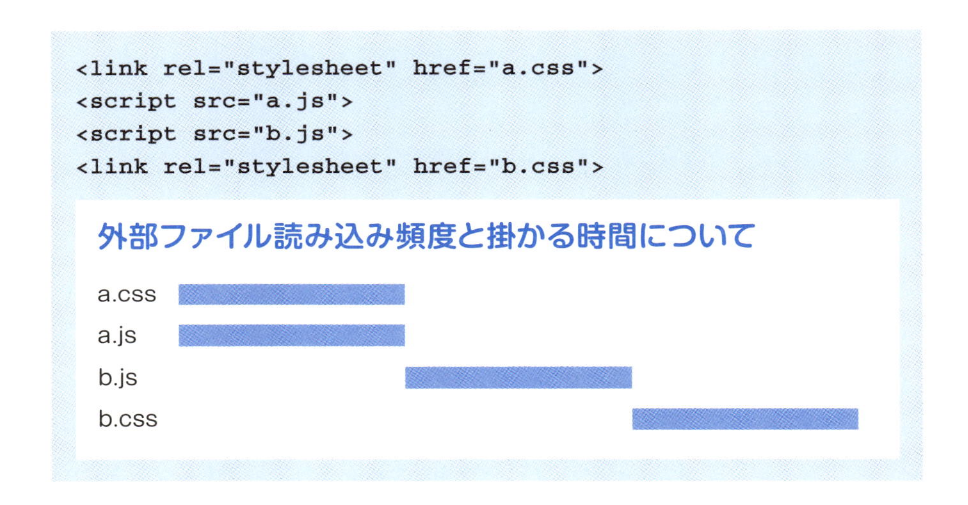

上の例の場合、a.css、b.cssをひとまとめし、a.jsとb.jsもひとまとめにすることがもっとも理想的です。

外部ファイルを複数読み込んでいる時は、その数だけHTTPリクエストが発生し、時間がかかります。

1つのファイルにまとめることで、HTTPリクエストの回数を削減する

ことができるのです。可能な範囲で、「複数のファイルを1つに統合できないか」を検討してみてください。

重要なCSSのインライン化

ファーストビューとは、P.70で解説したように、表示されるコンテンツの中でスクロールせずに最初に画面上に表示される部分のことでした。
そのファーストビューに相当するコンテンツ部分の装飾をHTMLのhead内に書いておくことで、ブラウザの読み込み速度が改善されることになります。
例えば次のようなソースコードです。

【Google Developersの記述例（英語版）】

```
<html>
  <head>
    <style>
      .blue{color:blue;}
    </style>
    </head>
  <body>
    <div class="blue">
      Hello, world!
    </div>
    <script>
      var cb = function() {
        var l = document.createElement('link'); l.rel =
'stylesheet';
        l.href = 'small.css';
        var h = document.getElementsByTagName('head')[0];
h.parentNode.insertBefore(l, h);
      };
      var raf = requestAnimationFrame ||
mozRequestAnimationFrame ||
          webkitRequestAnimationFrame ||
msRequestAnimationFrame;
      if (raf) raf(cb);
      else window.addEventListener('load', cb);
    </script>
  </body>
</html>
```

インライン化されたCSS

このソースコードの場合、ブラウザでスクリプトの実行を無効化しているユーザーは見ることができません。そのため、次の1文をhead内のCSS記述の後に書き加える必要があります。このnoscript記述は、文法的にHTML5以降で可能となります。

```
<noscript><link rel="stylesheet" href="small.css"></
noscript>
```

noscript記述を行うことで高速化は実現しませんが、大事なことは、「高速化以前に、きちんと見ることができる」という点にあります。このように、ユーザー目線での配慮が必要不可欠です。

続いて、ファーストビューで必要なCSSをインライン化するための、具体的な方法を解説していきます。
ユーザビリティを念頭に体感速度を上げるためには、ファーストビュー(above-the-fold)などのパフォーマンス改善のために、レンダリングをできる限り早くする施策(クリティカルレンダリングパスの最適化と呼びます)が求められます。このCSSの最適化を行ってくれるツールを紹介します。
ブラウザで「http://jonassebastianohlsson.com/criticalpathcssgenerator/」にアクセスしてください。❶の部分にURLを入力し、❷の中に、すべてのCSSコードをコピー&ペーストします。最後に❸をクリックすると、内部参照するべきクリティカルパスのCSSが検出されます。

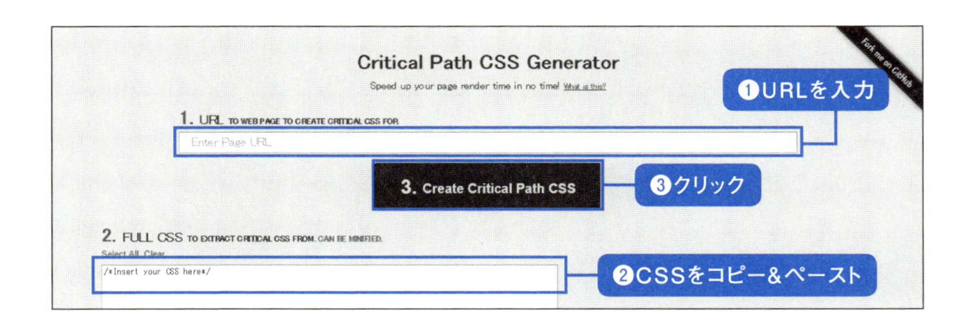

紙面版

電脳会議

DENNOUKAIGI

一切無料

今が旬の情報を満載して お送りします!

電脳会議』は、年6回の不定期刊行情報誌です。4判・16頁オールカラーで、弊社発行の新刊・近書籍・雑誌を紹介しています。この『電脳会議』特徴は、単なる本の紹介だけでなく、著者と編集が協力し、その本の重点や狙いをわかりやすく説していることです。現在200号に迫っている、出界で評判の情報誌です。

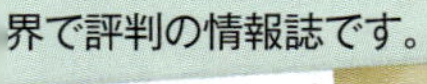

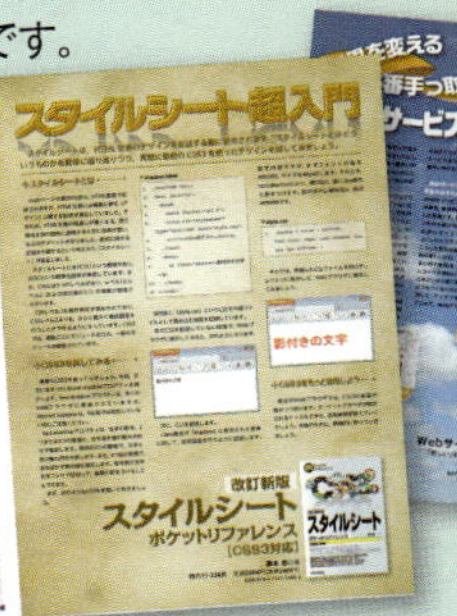

毎号、厳選 ブックガイドも ついてくる!!

『電脳会議』とは別に、1テーマごとにセレクトした優良図書を紹介するブックカタログ（A4判・4頁オールカラー）が2点同封されます。

電子書籍がご購読できます！

パソコンやタブレットで書籍を読もう！

電子書籍とは、パソコンやタブレットなどで読書をするために紙の書籍を電子化したものです。弊社直営の電子書籍販売サイト「Gihyo Digital Publishing」（https://gihyo.jp/dp）では、弊社が発行している出版物の多くを電子書籍として購入できます。

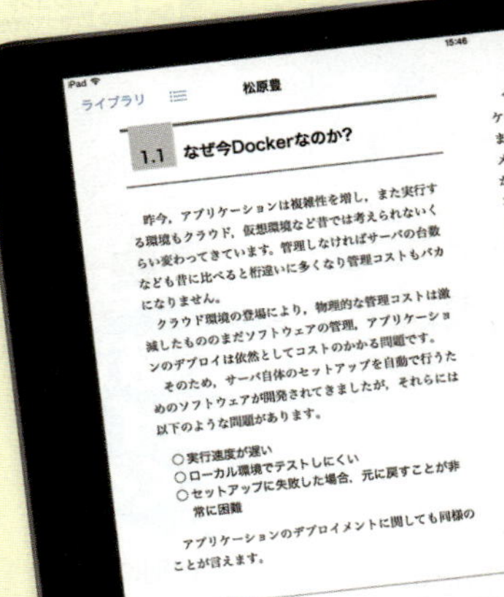

▲上図はEPUB版の電子書籍を開いたところ。電子書籍にも目次があり、全文検索ができる

検出された右側のソース（CRITICAL PATH CSS）を無駄な改行やスペースをなくした上で head 内部に挿入します。

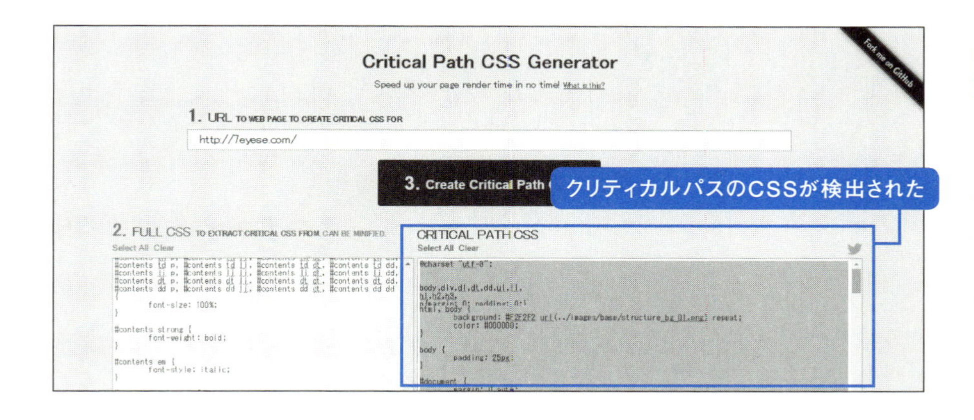

さらに以下のツールを利用すると、FULL と CRITICAL PATH の CSS 差分が 1 目でわかります。ラインが引いてある箇所が差となっていますので、このライン部分の CSS を外部参照 CSS ファイルとしてまとめればよいということになります。

http://mergely.com/editor

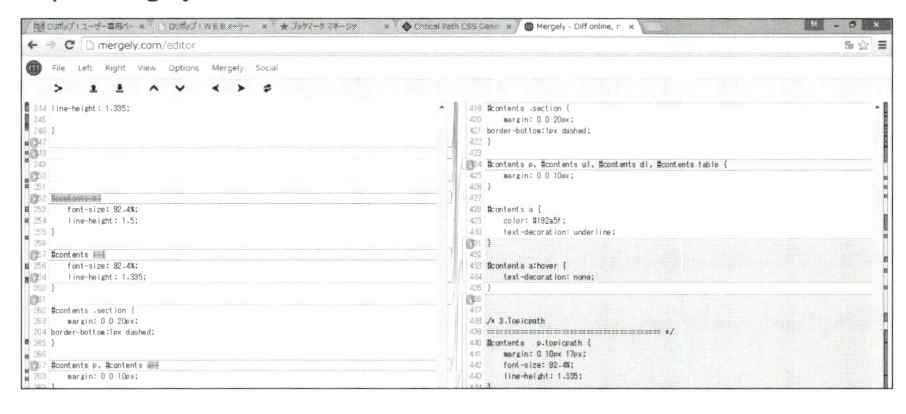

キャッシュ期間を調整する

最後に、キャッシュ期間の調整を行います。キャッシュ期間は、実は自分自身で変更することができます。それが、.htaccess（ドットエイチティーアクセス）という名前のWebサーバーを制御するためのファイルを作成し、サーバー上に設置する手法です。

.htaccessでは例えば、

- **特定のページにアクセスしたらパスワードを要求したい**
- **移転などの場合に新しいページにリダイレクトしたい**

といった、様々な設定が可能です。ただし、無料のレンタルサーバー等では使用できないケースもあるため、注意が必要です。

ここでは「.htaccess」ファイルを作成し、次のような記述を追加します。これは、画像の場合は30日、HTMLやCSSなどのファイルの場合は1日のキャッシュの有効期限を設けるという意味の記述です。この記述により、キャッシュが長く保管されるため、その分読み込み速度が速くなります。

```
<Files ~ "¥.(gif|jpe?g|png|ico)$">
Header set Cache-Control "max-age=2592000, public"
</Files>
<Files ~ "¥.(css|js|html)$">
Header set Cache-Control "max-age=86400, public"
</Files>
```

この記述を行った.htaccessファイルをサーバーにアップロードした結果、P.100の「PageSpeed Insights」の計測結果が、元の評価よりも1ランク上がりました（80点以上の最上位の評価です）。

なおサーバでサポートされているならば、gzipで圧縮する手法も高速化につながります。

顧客思考トレーニング

- □ head内をできる限りスリム化しよう
- □ キャッシュ機能を活用し、ファーストビュー以外のCSSは外部参照にしよう
- □ ソースコードの記述順を入れ替えよう

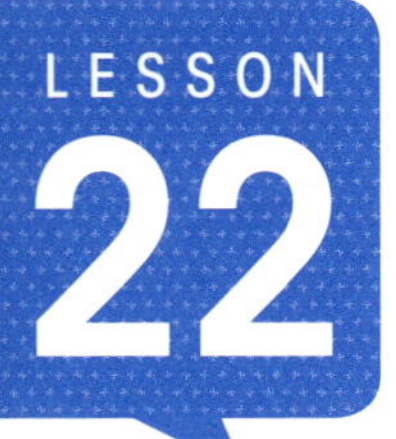

CSSやJavaScriptファイルを改善しよう

CSSファイル内部のテコ入れ

これまで述べてきた通り、HTMLソースのファイルサイズを小さくすることで、Webページの読み込み速度が速くなります。これが、ユーザビリティ向上（ユーザーのストレス軽減）＝SEOに直結するわけです。
そこで今回は、

CSSのソースに対する改善

をご案内していきます。

CSSのソース内部についても、余計な情報を排除し、Webブラウザ、および検索エンジンの負荷を減らす方策が必要です。
以下にその内容をまとめましたので、ご自身のCSSコードを参照しつつ、改善を行ってください。

❶複数記述

同じセレクタに対して、異なる指定を行っている場合は、必要となるもののみを残し、残りを削除します。下記の例の場合、下に記述したものが優先されます。不要な1行目は削除しましょう。

```
h1{color:blue;}
h1{color:red;}
```

❷不要なコメントの削除

CSSコードに不要なコメントが入っている場合は、削除します。例えば下記の例では、「文字を青色にする」というコメントが入っています。しかしその程度の記述は誰が見てもわかるため、削除して問題ないといえます。ただし、コメントにはそのコードの役割が書かれていることが基本ですから、必要なものまで削除してしまわないよう、注意します。

```
p.sample {color:blue;} /* 文字を青色にします */
```

❸スペースを少なくする

改行やスペースなども、ファイルサイズにカウントされています。余計な空白を削除してください。

❹使用されていないclassやidの削除

構想時に用意していたものの、使用されることのなかったclassやidが残っている場合があります。これらの要素も、削除しましょう。下記の例は、CSS側では指定しているにも関わらず、HTML側を確認しても、id="mark"やclass="point"がどこにも見当らないケースです。

```
#mark{color:red;}

.point{background:blue;}
```

❺カラーコードの省略

カラーコードには、省略可能なものもあります。可能な範囲で、省略を行います。

```
color : #ffffff ;
↓
color : #fff ;
```

❻プロパティの省略

プロパティにも、省略可能なものがあります。可能な範囲で、省略を行います。

```
background-color: #DF0101;
↓
background:#DF0101;
```

❼簡略化

下記のように、複数のプロパティに同じ値が入る場合、簡略化が可能です。

```
border-top : 3px solid #151515;
border-right : 3px solid #151515;
border-bottom : 3px solid #151515;
border-left : 3px solid #151515;
↓
border : 3px solid #151515;
```

❽不要な文字の削除

下記のように、サイズが0pxの場合、単位の「px」は省略可能です。

```
margin:0px auto;
↓
margin:0 auto;
```

❾複雑に記述しすぎない

下記のような例では、最後のliタグに対してclassまたはidを指定すると(ここではclassとしてmarkを指定しています)、記述の削減ができます。

```
div#a div#b div#c ul li { ○○○ }
↓
li.mark { ○○○ }
```

CSSは、右から左に読まれていきます。
例えば上記のコードの場合、最初に「li」が読まれて、ページ内部に他のliタグが複数あった場合、その他のliも確認として読みにいきます。その後、「ul」、それから「div#c」といった順に読まれていくわけですが、本来関係のない大量のliタグを最初に見にいくことになってしまい、その分、CSSファイル内を非効率に探し回ることになるのです。

Webブラウザに負担をかけるという観点からも、こうした非効率な導線というものは、あまり望ましいとはいえません。

ただし、セレクタを多く記述することによって、プロパティの指定ミス等を少なくすることもできます。コーディングの観点からは、作業を難しくしないようにすることも必要です。開発環境における負担を合わせて考え、可能な範囲で気をつけていけばよいと思います。

JavaScriptを圧縮する

JavaScriptのファイルサイズは、無料ツールを利用して圧縮（スリム化）することでができます。ブラウザで「http://jscompress.com/」にアクセスしてください。Javascript Code Input内にスクリプトをコピー&ペーストし、「COMPRESS JAVASCRIPT」をクリックします。すると、圧縮されたスクリプトが自動で作成されます。

Online Javascript Compression Tool

Copy & Paste Javascript Code　Upload Javascript Files　Output

Javascript Code Input

COMPRESS JAVASCRIPT

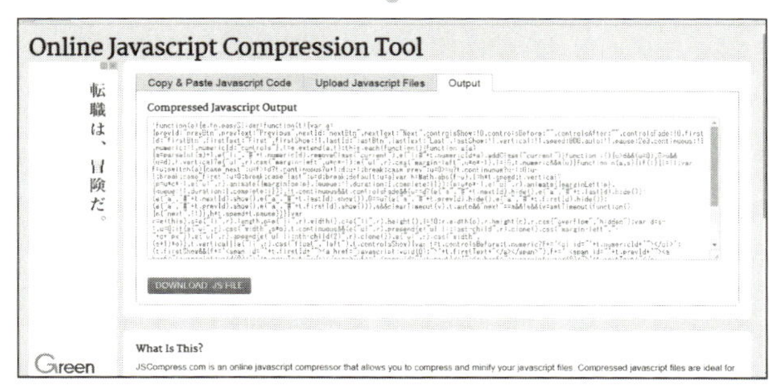

メンテナンス（更新作業）のことも考え、カスタマイズ用とアップロード用とにファイルを分けて運用するのもよいかもしれません。

最後に、Google も、HTML、CSS、JavaScript の圧縮を推奨しています。加えて、今後は Google の発表を受けての施策ではなく、「顧客思考」の概念のもと、先を見越した対策を講じていかなければ、競合他社に遅れを取ってしまうかもしれません。

顧客思考トレーニング

- CSS の記述をシンプルにしよう
- CSS と JavaScript のファイルサイズを小さくしよう

LESSON 23

hxタグの位置と数を調整しよう

hxタグの使用制限

ここでは、hxタグの使用方法について解説を行います。
まず、hxタグは次のような形で使用する必要があります。

```
<h1>………</h1> ←見出し1
<p>………</p>   ←本文
<h2>………</h2> ←見出し2
<p>………</p>   ←本文
```

hx要素は「見出し」の要素です。ということは、章や節の見出しとして用いられなければならないということになります。
そして、見出しには「本文」がつきものです。本文のない章・節というものは、非常に不自然です。これらのことから、hxタグにpタグを加えたものを「セットとして考える」必要があります。

このように、hxタグの使用にあたっては、制限が出てきます。それが、

hxとhxを補足するための文章

を、原則セットで用いるべきである、という制限です。

こうしたことから、補足する文章がなく、リンクを施すためだけの文言には、hx は使用するべきではないということが理解できます。

以下のように、リンク部分に h2 ばかりを施しているような Web サイトも見受けられますが、こうした Web サイトは、検索順位において、上値の重いサイトとなる可能性もあります。

```
<h1> 福岡市内の全区 </h1>
<h2><a href="#"> 中央区 </a></h2>
<h2><a href="#"> 博多区 </a></h2>
<h2><a href="#"> 城南区 </a></h2>
<h2><a href="#"> 早良区 </a></h2>
<h2><a href="#"> 西区 </a></h2>
      ⋮
```

タグにはそれぞれ本来の意味があり、それに従った、適切な使用方法が望まれるのです。

特にメニューやフッターエリアにおいては、hx タグは使用せず、li タグや dl 内部での dt、dd を使用すると、各タグ本来の意味に従った使い方となります。

```
<dl>
<dt> 福岡市内の全区 </dt>
<dd><a href="#"> 中央区 </a></dd>
<dd><a href="#"> 博多区 </a></dd>
<dd><a href="#"> 城南区 </a></dd>
<dd><a href="#"> 早良区 </a></dd>
<dd><a href="#"> 西区 </a></dd>
      ⋮
</dl>
```

hxタグの使用回数

hx タグの使用回数についても、制限があります。hx タグは見出しの役割をするタグであることから、

1ページ内に多く存在するのは不自然

です。また、見出しである hx タグが本来の意味で多く存在するページは内容も増えるため、必然的にスクロールさせることとなるページになります。しかしスクロールの多いページというのは、何について書いてあるページなのか、読んでいる間に輪郭が不透明になってしまうことも多く、加えてスクロールする手間も多いことから、ユーザビリティに反しています。ユーザーは主とする目的地へと早く到着したいという心理が働いており、場合によっては、無駄な時間を浪費させてしまうことにもなります。

hx タグの１ページ当たりの使用回数は、以下の数を目安としてください。

h1 → 1 個
h2 → 1 〜 2 個
h3 → 1 〜 5 個

上記はあくまでも目安となります。なお、タグの意味合いや立ち位置はHTML5 から少し変更になり、使用数についての疑義も生じています。しかし、今の時点では、h1 の数は 1 個が無難ではないかと思われます。h1 が複数必要な場合は、ページを分割することを考えてください。
また h3 については、h2 が内包する内容として使用するようにしてください。最後に h4 以降は、無理に使用する必要はありません。
具体的なソースコードとしては、以下のようになります。

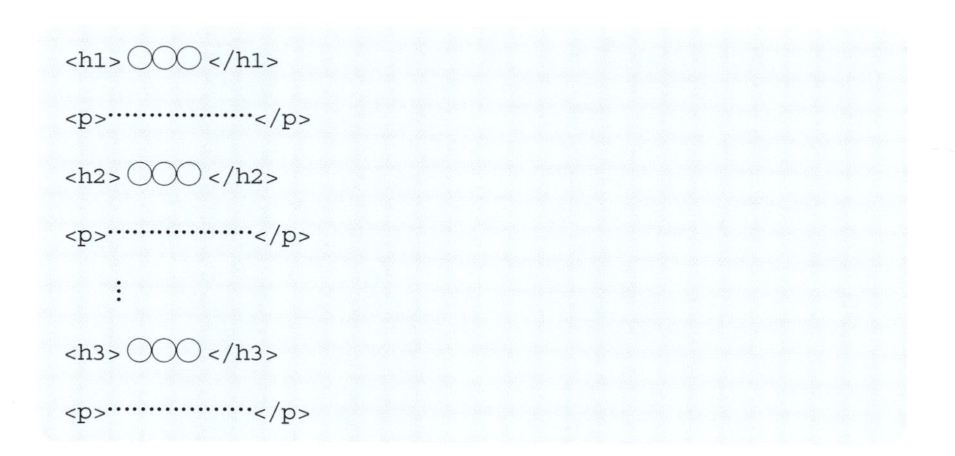

```
<h1>〇〇〇</h1>
<p>………………</p>
<h2>〇〇〇</h2>
<p>………………</p>
    ⋮
<h3>〇〇〇</h3>
<p>………………</p>
```

顧客思考トレーニング

- □ **hx タグの本来の意味を知ろう**
- □ **hx タグと p タグは、原則セットで使おう**
- □ **hx タグの使用回数に注意しよう**

LESSON 24 ソースコードエラーをなくそう

ソースコードを整備する

ここまで、ソースコードを修正することによるSEOの施策を紹介してきました。それでは、そもそもなぜ、ソースコードを修正し改善するべきなのでしょうか？　それは、

検索エンジンのロボットに文字情報をきちんと見てもらう

ためです。

検索エンジンのロボットは、主にページ内のテキストを見て、優劣を判断し、順位をつけます。その文字情報にロボットがたどり着くまでの道のりを想像してみてください。
ロボットは、Webページの HTML を上から順に読み込んでいき、どのようなキーワードがどのくらい使用されているか、判断します。

ここでロボットが読み込むキーワードは、<h1> や <h2>、<p> などのタグ内に文字情報として収まっています。つまり、ソースコードという集合体の中にキーワードが埋め込まれている形になるわけです。
ソースコードがきれいに整備されていれば、ロボットは快適にソース内部を行き来できますが、ソースコードが煩雑で、あちこちにソースコードエ

ラーがあるような場合、目的地へたどり着けず、途中で引き返す場合もあるようです。つまり、

ソースコード内のエラーをなくし、ソースコードという"道"をきちんと整備していくこと

が、重要な施策になるということです。

W3Cの基準でソースコードをチェックする

ソースコードエラーについては、その判断基準として、国際規格のW3Cというものがあります。W3C（ダブリュースリーシー）とは、World Wide Webで使用される各種技術の標準化を推進するために設立された標準化団体、非営利団体の略称です。W3Cに準拠したWebサイトは、この基準を満たしている、高品質なWebサイトであるといえます。かつ、こうした高品質なWebサイトは、検索エンジンのロボットが好むWebサイトでもあるのです。

ブラウザで、「https://validator.w3.org」にアクセスしてください。入力欄に自分のWebサイトのURLを入力し、「Check」をクリックします。すると、ソースコード内にあるエラーを抽出することができます。

W3C Markup Validation Service
Validate by URI / Validate by File Upload / Validate by Direct Input
Validate by URI
Validate a document online:
Address:
More Options
Check
❶URLを入力
❷クリック

下記の画面では、「1Error 3warning(s)」と表示されています。つまり、エラーが1つ、注意が3つ見つかったということです。warning があってもError がなければ合格（Passed）です。

W3C® Markup Validation Service
Check the markup (HTML, XHTML, ...) of Web documents

Jump To: Notes and Potential Issues Validation Output

Error found while checking this

Result:	1 Error, 3 warning(s)
Address:	http://■■■.biz/
Encoding:	utf-8 (detect automatically)
Doctype:	HTML5 (detect automatically)
Root Element:	html

判定結果

W3C VALIDATOR Suite Try now the W3C Validator Suite™ premium service that checks your entire website and evaluates its conformance with W3C open standards to quickly identify those portions of your website that need your attention.

また、エラーがない場合は次のように「Passed」の表示が出ます。

W3C® Markup Validation Service
Check the markup (HTML, XHTML, ...) of Web documents

Jump To: Congratulations Icons

This document was successfully ... 0 Transitional!

Result:	Passed
Address:	http://7eyese.com/
Encoding:	utf-8 (detect automatically)
Doctype:	XHTML 1.0 Transitional (detect automatically)
Root Element:	html
Root Namespace:	http://www.w3.org/1999/xhtml

判定結果

W3C VALIDATOR Try now the W3C Validator Suite™ premium service that checks your entire website and evaluates its conformance with W3C open

Web ページのデータをアップロードする前にソースコードエラーをチェックしたいという場合は、「Crescent Eve」という無料のエディタでもチェックが可能です。このエディタでは、HTML のバージョンごとに、文法の誤りを抽出してくれます。

CrescentEve を起動し、ソースコードをチェックしたい HTML ファイルを開きます。「ツール」→「Crescent　Eve の起動時の設定」をクリックすると、次のような画面がポップアップされます。

「デフォルト HTML 種別」から、HTML のバージョンを選択します。「OK」をクリックすれば設定完了です。

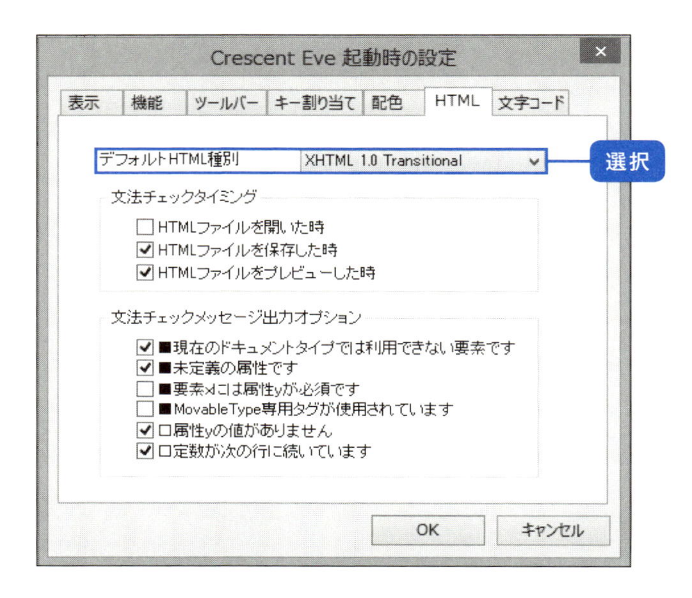

「ツール」→「文法チェック」の順にクリックします。

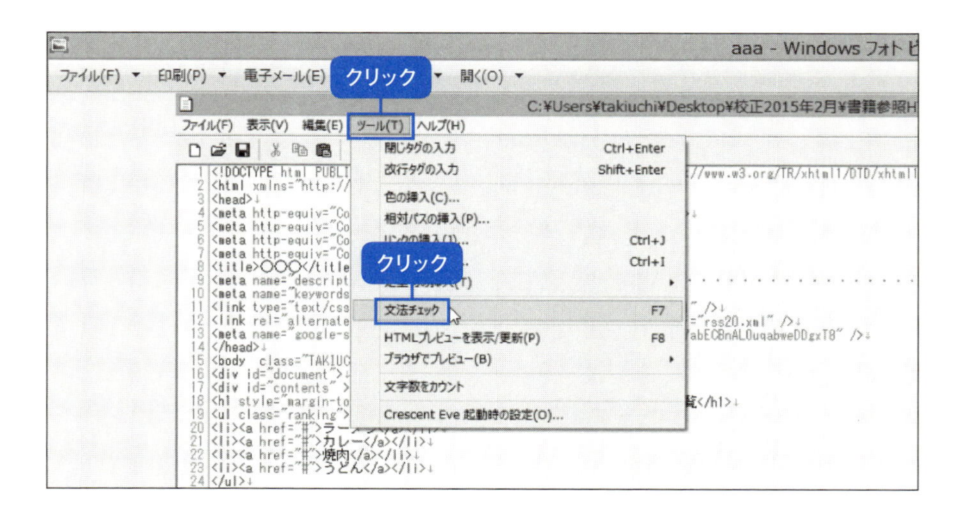

すると、次のように結果が表示されます。

```
◆　21行: 要素liはこの位置には置けません。
◆　22行: 要素liはこの位置には置けません。
◆　23行: 要素liはこの位置には置けません。
◆　24行: /ulの前に、/liが必要です。
　　　　　(⇒20行目参照)
【 文法チェック結果: ◆エラー 4, ◇情報 0 】
```

これで、サーバーへのアップロード前にソースコードエラーの確認を行うことができます。

このようなツールを活用することで、ソースコードエラーを未然にチェックし、検索エンジンのロボットが回遊しやすいページを作成しておくようにしましょう。

顧客思考トレーニング

- ロボットが回遊しやすいページを作ろう
- ソースコードエラーを修正しよう
- W3C の基準でソースコードをチェックしよう

リンク切れをなくそう

リンク切れとSEO

リンクした先のページが存在しないことを、「リンク切れ」と言います。例えば、存在しないページにアクセスしようとすると、次のような表示が出ます。

“404エラー”とは、存在しないページがリクエストされた際に、サーバーから返されるエラーの種類です。“404”という番号は、“ページが見つかりません”という意味になります。そして、この情報は検索エンジンにも情報として伝わっています。

この404エラーをユーザー目線で考えると、せっかくリンクをクリックして訪問した先にページが存在しなければ、おそらくその人はがっかりするでしょうし、ユーザビリティの面で問題があります。

同様に検索エンジンからも、「管理ができてない」「URLに間違いがある」など、低い評価を受けることとなってしまいます。その結果、検索順位を下げる要因にもなると考えられています。

検索エンジンからの評価も落とさないようにするためにも、Webサイト内部、あるいはWebサイト外部へのリンク作成においては、

リンク先のページが正しく表示されるかどうかのチェック

が欠かせません。

例えば「contact.html」というページへリンクする場合、下記のようなスペルミスがあるかもしれません。

○ <a href="contact.html"> お問い合わせはこちら </a>
× <a href="kontact.html"> お問い合わせはこちら </a>

リンク先のページが存在することはもちろんのこと、こうしたURLの記載ミスについても、注意する必要があります。

リンク切れをチェックする

ここでは、W3Cの「Link Checker」というツールを利用して、リンク切れをチェックする方法について解説を行います。

ブラウザで「https://validator.w3.org/checklink」にアクセスし、URL記入覧にURLを入力し、「Check」をクリックします。

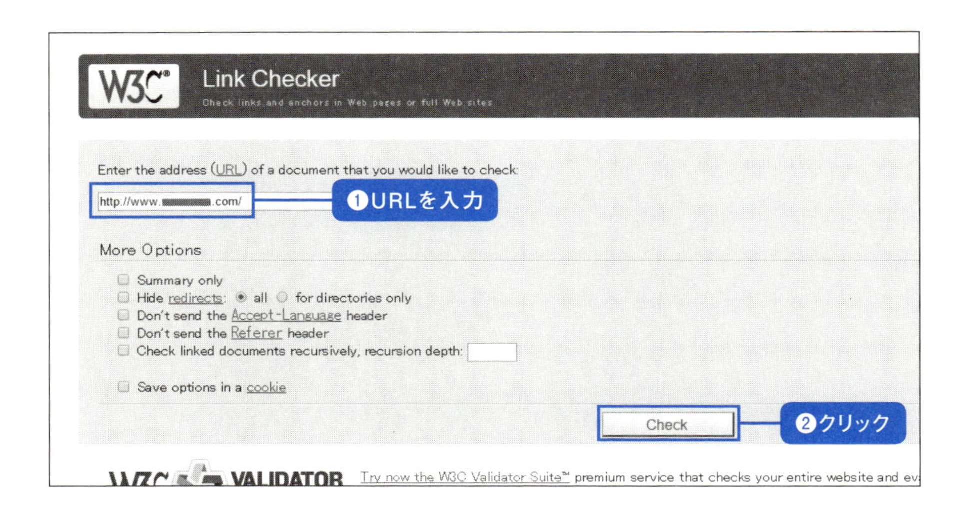

リンク切れがあった場合は、次のようにリンク切れの個所などが抽出されます。

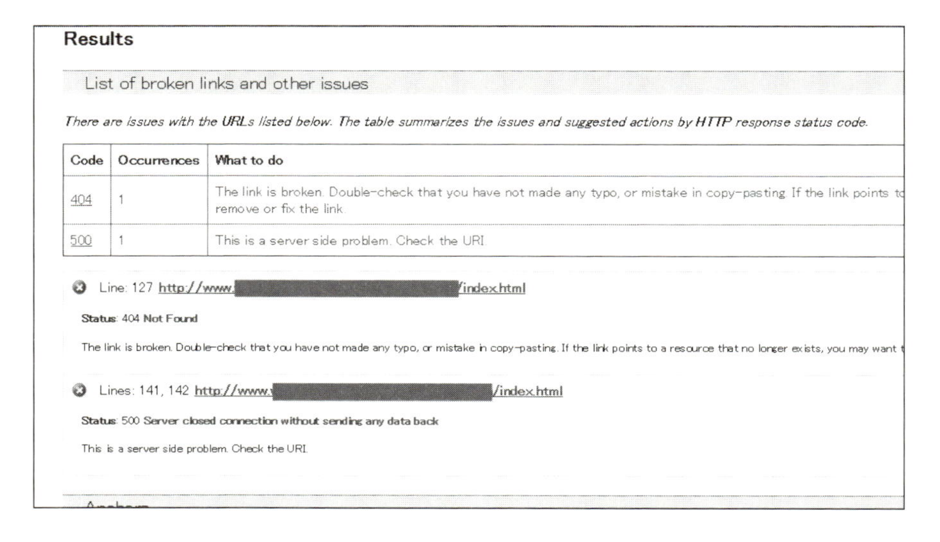

このような方法でリンク切れを発見し、原因を探り、リンクを埋めていく作業を行ってください。

この他にもリンク切れのチェックを行えるWebサイトは数多くありますので、いろいろと試してみるとよいでしょう。

外部Webサイトとのリンク関係について

リンク切れが見つかった場合、自社のWebサイトの範囲内のものであれば、きちんとした修正を行うことができます。しかし、これが外部Webサイトが原因で生じている場合は、問題を解消することは困難になります。その場合は、

・ページ自体がなくなった
・ページのURLが変更になった

などの理由が考えられます。

リンク先のページがトップページでない場合は、同じWebサイトのトップページが表示できるかどうか確認し、表示された場合は、新しいURLがないか、リンクをたどります。
トップページも表示されない場合は、Webサイト全体が移転していないかを、「Webサイト名」「会社名」「サービス名」等で検索し、新しいWebサイトのURLを見つけ、リンク切れを修正するようにしてください。
リンクには推薦の“意”もあり、リンクする側の責任が伴うことも心得ておくべきです。

このように、ユーザーの身になって、既存のリンクについて、定期的に確認するようにしましょう。

顧客思考トレーニング

- □ リンク切れのデメリットを知ろう
- □ リンク切れをチェックしよう
- □ 既存のリンクも定期的に確認しよう

第5章

POINT 4

「Webライティング」で顧客思考のSEOを実践する

Web ライティングにおいては、広告と併用することで高いコンバージョン率を維持することも可能です。
しかし本書では、「SEO」という枠の中でお話させていただきます。
広告ではなく、自然検索において活きるコンテンツとしても、ユーザーのことをきちんと考えたライティングが重要であることは、いうまでもありません。
ただし、その評価の是非において、検索エンジンというろ過装置があることも決して忘れてはいけません。
つまり、独りよがりな、偏った言葉の使い方では通用しないということです。
Google ≒ユーザーの目線に合わせる努力をする。
このことを念頭に、コンテンツを構築してください。

LESSON 26 コンテンツSEOの概要を知ろう

コンテンツSEOの概要を知る

この回では、コンテンツ作成に関わるSEOの概要について、解説を行います。今や、「コンテンツSEO」という言葉がネット上で賑わうほど、コンテンツの質というものが問われる時代になりました。ただし、私の観点ではその本質を誤解されている方も多いように感じ、また、方法自体を誤って行っているようにも感じています。

コンテンツSEOに取り組む上でのスタンスとしては、個人的によいと思うような美辞麗句を並べ立てた文章ではなく、

検索エンジンが認識しやすい明解な文章を書く

ことが重要です。

ここまで繰り返し述べてきたように、Googleの理想は、Webサイトに対する検索エンジンの評価を、人間の評価に近づけることです。
ユーザーの検索意図を読み取ろうとするハミングバードアップデートの導入など、その技術力は徐々に高まってきています。
また、日本語の分析能力においても、確実に日々進化を遂げています。

キーワードの関係性

ここで、下の図をご覧ください。

❶同義関係（ほぼ同心円）

❷類義関係（円の中心が少しずれる）

❸包含関係

❹対義関係（接点はあるが交わらない）

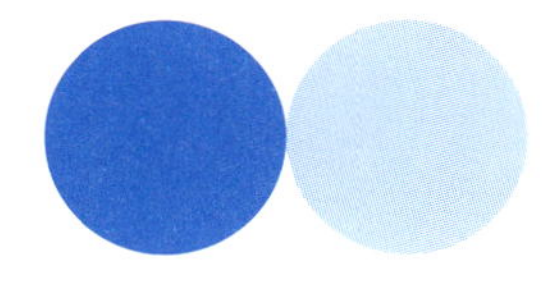

❺合成関係

❻共起関係

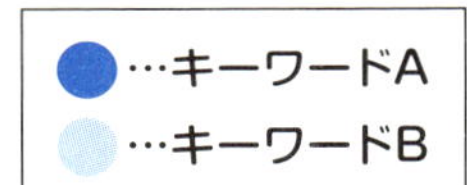

この図は、コンテンツSEOの肝となる、キーワードに関する関係性を表した図です。これらの言葉は、次のように分類できます。

❶同義関係（同義語）
…同じ内容の言葉を言い換えた言葉
❷類義関係（類義語・類語）
…意味がよく似ていて場合によっては代替可能な言葉
❸包含関係（上位・下位・部位語）
…キーワードまたは、内容として含まれる言葉
（※❸の下位語の中には、❷類義や❹対義も含めた同位語も存在しています）
❹対義関係（反義語、反意語、反対語）
…意味が対照的、または反対の言葉
❺合成関係（複合語、派生語）
…キーワードを用いてくっつけて構成している言葉
❻共起関係（業界では共起語という呼び名で浸透）
…ある特定の言葉と一緒に使われることが多い言葉

これらの❶〜❻は、意味の立ち位置（中心軸）や広さ（守備範囲）を基準として、キーワードとの位置関係を視覚的に確認することができます。

例えば、❶についてはほぼ同心円ですが、❷は少し中心がずれていることから、言葉としては類似しているが少々異なります。
また、❸については、一種として含むことができる言葉です。
❹については、接点はあるが、決して交わることはありません。
❺については、キーワードを一部で使用しているが、別の何かの言葉をくっつけており、キーワードそのものとは意味が異なる言葉です。
❻については、一緒に使われやすい言葉という関係性であることから、❶〜❺に該当する言葉が共起関係にもなりえる可能性があります。

それぞれの「関係性のある言葉」と
「共起関係の言葉」との位置関係の図

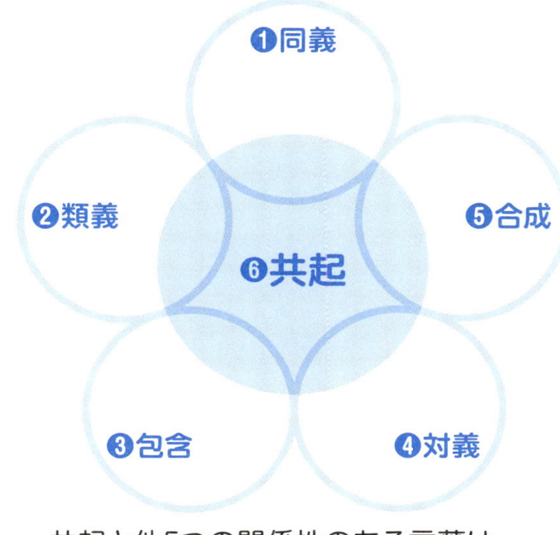

共起と他5つの関係性のある言葉は
重なるエリアもあります

❶～❻の具体的な例は、以下の通りです。

❶の例：「トイレ」と「お手洗い」
❷の例：「興味」と「関心」
❸の例：「動物」と「犬」、「食品」と「チーズ」
❹の例：「入学」と「卒業」
❺の例：「花束」や「野球選手」
❻の例：「チャーハン」と「中華料理」

❺は「複合語」とも呼ばれ、複数の言葉を組み合わせて構成されます。例えば、「花」＋「束」、「野球」＋「選手」です。
ただし、「花屋」や「野球場」は「屋」や「場」が単独では意味が掴みにくいことから、合成関係の中でも「派生語」に分類されます。

また❻は、「チャーハン」と「中華料理」は一緒に使われやすい言葉であることから、共起語といえます。しかし、「中華料理」のメニューの中に、「チャーハン」がある、と考えれば、同じ包含関係の中にある2つのキーワードとして、❸の包含関係でもあります。

なお、本書では、このうちの❸～❺を「関連語」としてまとめ、下記の4つの分類で、コンテンツSEOについて考えていきたいと思います。

A. 同義語（同義関係）
B. 類（義）語（類義関係）
C. 関連語（包含語・対義語・合成関係）
D. 共起語（共起関係）

ただし、言葉の関係性によっては、相互に重なる部分も存在している点に注意が必要です。例えば、類義語でありながら、共起語でもある。関連語でありながら共起語でもあるといった具合です。
また、関連する言葉でありながら、一見すると、距離を置いているように感じる言葉もあります。例えば、「チャーハン」の共起語として「動画」や「掲示板」といった言葉も抽出できます。このように、

- 複数の分類に当てはまる言葉もある
- 関係性とはほど遠いような言葉もある

という点に留意して、この章を読み進めてください。

顧客思考トレーニング

- □ コンテンツSEOに取り組む姿勢を意識しよう
- □ ユーザー≒Googleが認識しやすいコンテンツを作ろう
- □ キーワードの関係性を表す分類を知ろう

共起語を活用しよう

共起語とは何か?

関係性のある 4 つの分類の中で、最初に「共起関係の言葉」について解説を行います（以後、「共起語」で統一します)。共起語とは、英語の「co-occurrence（一緒に起こること)」や「co-occur（一緒に起こる)」に由来する言葉です。主となる言葉（キーワード）が出てきた時に、

同じページ内で、同時によく使用される言葉

のことを指しています。

ただし、同じ、あるいは近い意味を持つ同義語や類義語とは異なり、一見、直接的には関わりがないと思われるような言葉も、文章の流れの中で出てくることがあります。そして、共起語として一緒に使用される言葉が含まれることで、自ずとコンテンツの幅が広がる傾向があります。

共起語の使用について

Googleによる順位づけの指標の一つに、閲覧者の“知りたい”や“疑問解消”に応えられるような情報をいかに掲載しているか、ということが関わっています。そのため、主たるキーワードに対して、同時によく使用される言葉である共起語が頻繁に出現することは、重要コンテンツとしてGoogleにPRするにあたって、非常に効果的です。

例えば、次の文章は「ホームページ」という言葉を基準とした場合に、共起語がほとんど出てこない文章です。

> ホームページ制作のセブンアイズは、お客様目線で売れるホームページ制作を信条としております。また、コンテンツ面でも考えて制作します。
> これまで数百件のホームページをご支援してきましたが、お客様の立場で制作するホームページは、成果につながるものとなっています。
> ぜひ、皆様の事業においてのお手伝いをさせてください。

また次の文章は、「ホームページ」の共起語が豊富に出てくる文章です。

> ホームページ制作のセブンアイズは、お客様目線で売れるウェブ作成を信条としております。また、コンテンツ面でも言葉選びから考えてご案内します。
> これまで数百件のホームページ運営に関わってきましたが、お客様の立場で開設するホームページは、成果につながる独自のサービスとなっています。
> ぜひ、皆様の事業においてのサポートをさせてください。

ユーザーにとって、どちらがより充実したコンテンツであるという印象を与えるでしょうか？　おそらく後者と答える方が多いのではないでしょうか。

後者の文章には、「ウェブ」「作成」「言葉」「運営」「開設」「独自」「サービス」「サポート」といった「ホームページ」の共起語が使用されています。

そして、こうした「共起語」を基準にコンテンツの内容を判定することで、Googleはユーザーの判断に近似した判断を、検索エンジンのロボットが行えるように、プログラムを組み立てているのです。

検索エンジンがWebページの内容を正しく認識する上で、この共起語は非常に重要な要素となります。
例えば、「あめ」という言葉が文章中に使用されていたとします。その際に、共起語として「天気」「季節」「予報」などがあれば、「雨」を連想できます。また「ハイチュウ」「いちごみるく」「砂糖」などがあれば、「飴」を連想できます。

このように、ある特定のキーワードを取り上げた際に、共に出てくる言葉の違いによって、

そのキーワードの意味合いさえもが変わってくる

場合があります。

検索エンジンのロボットは、ハミングバードアップデートの導入など、理想はあるにせよ、人間のように文章全体を理解した上で「行間を読む」などといった気の利いた読解能力の域までは、いまだ至っていないように感じます。単に、そこにある言葉を拾い上げ、「つながり」としての関係性を把握することができるだけなのです。

その指標の一つが共起語であり、共起語があることによって、

検索エンジンは“文意らしきもの”を判定・判断することができる

のです。そして、共起語を活用することは、結果的に、コンテンツに幅を持たせることになります。

共起語抽出ツールの活用

ここで、ある特定のキーワードを指定して、そのキーワードの共起語を自動で抽出してくれる無料ツールを紹介します。

ブラウザで「http://a-rooms.com/lsi/」にアクセスし、共起語を調べたいキーワード（ここでは「SEO」）を入力し、「抽出する」をクリックします。

すると、共起語が抽出されます。「SEO」の共起語は、サイト、検索、キーワード、対策、リンク、検索、順位、チェック、ペナルティ、サービス、効果などであることがわかります。

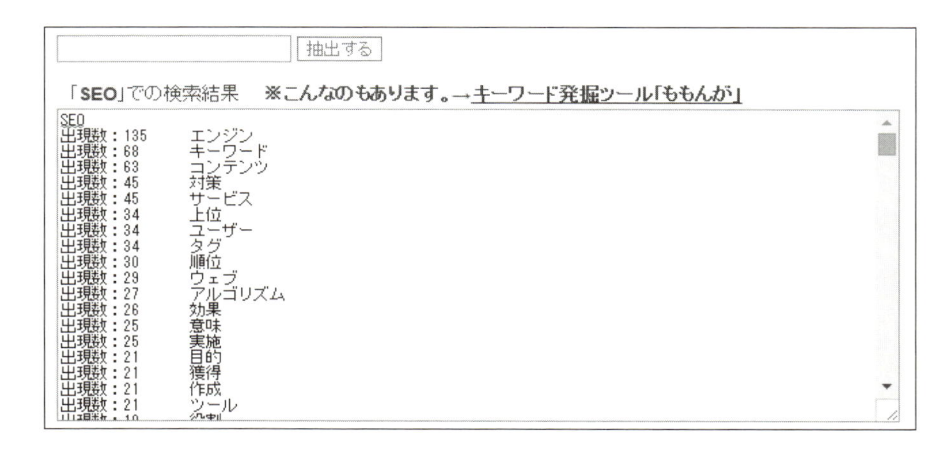

ここで抽出されたキーワードを自然な流れで組み入れることで、文章全体に幅をもたらすことができます。反対に、現状で共起語がほとんど使用されていないページの場合は、主題とコンテンツの内容にそもそものズレがないかどうかを疑うべきです。

本来、共起語は統計上頻出する言葉であるはずです。テーマに基づいた記事を書いた際に、多少なりとも自然に使われる言葉であるべきなのです。それが文中にないということは、なんらかの要因があるはずです。

共起語を使用する上での注意点

共起語を活用した文章作成においては、下記の点に気をつけるようにしてください。すでに作成済みのコンテンツについても、以下のチェック項目を確認し、問題があれば改善しましょう。

❶使用数が少なすぎる
❷種類が少なすぎる
❸特定のものだけを使いすぎている
❹数、種類ともに多すぎる

特に❸❹のような偏った使用方法は、あまりおすすめできません。
あまりに過剰な場合は、逆に重しとなる場合もあります。

例えば次の例は、特定の共起語を使いすぎた悪い例です。

ホームページ制作のセブンアイズは福岡が本社で、京都や滋賀や新潟県には事務所がありません。
また、◯◯さんもよいですが、弊社もよいです。
ただ、勝手なことをするクライアントは苦手です。
それと、早目の対応しますが、年末年始は休業します。

※ここで「◯◯」は競合他社の社名です。

ここで使用した「ホームページ制作」の共起語は、「京都」「滋賀」「新潟県」「◯◯」「弊社」「勝手」「クライアント」「苦手」「対応」「年末年始」になります。

ここでは、このような文章を書く方はいないという前提で、あえて極端な例を挙げさせていただきました。しかし、実は協業している Web 会社に、とあるお客様の Web サイト内（フリースペース欄）に共起語を織り交ぜた文章を作成してほしいと依頼したところ、上に近い文章が納品されたのです。

この文章は、確かに「共起語」を用いてはいます。加えて、内容としては確かに間違いはないのかもしれません。しかし、

❶訴えたいことや主旨が理解できない
❷「◯◯」さんや「京都」など、余計な情報を書いている
❸文章としての流れが悪く、つながりも欠けている

という欠点があります。社会的常識のある方にとっては言うまでもないことですが、極端な例として反面教師にしていただきたいと思います。
また、ツールの抽出結果は、精度やタイミングによってかたよった結果が表示される場合もあります。ツールの抽出結果をうのみにすることも避ける必要があるでしょう。

このように、共起語を使えばよいからといって、不自然な文章になってしまうのは本末転倒です。重要なことは、ユーザーにとって充実したコンテンツの傾向の一つに共起語があるということです。

共起語があるからといって必ずしも充実したコンテンツになるわけではない

ということを肝に銘じて、コンテンツ制作に励んでください。

顧客思考トレーニング

- 共起語とは何かを理解しよう
- 共起語によって文脈を明示し、コンテンツに幅を持たせよう
- 共起語を利用する上での注意点を知ろう

LESSON 28 関連語を活用しよう

関連語とは何か

今回は、関係性のある言葉の分類の中の「関連語」についての解説を行います。本書での関連語は、ある特定の言葉に関連する言葉の中で、同義、類義、共起以外の領域、つまり、

包含、対義、合成を合わせた領域

を指すものとします（P.158参照）。本来の定義とは異なりますが、本書ではこれらの領域をまとめる言葉として、「関連語」という言葉を用います。関連語のポイントは、以下の2点です。

- **同義語ではない**
- **類義語ではない**

例えば「マンション」という言葉の関連語には、住宅、住居、建物、リビングなどがあります。これらはマンションの同義語、類義語ではありません。

そして、これら関連語の一つ一つを深く掘り下げていくことで、さらに濃密な関連語の集積も得ることができます。

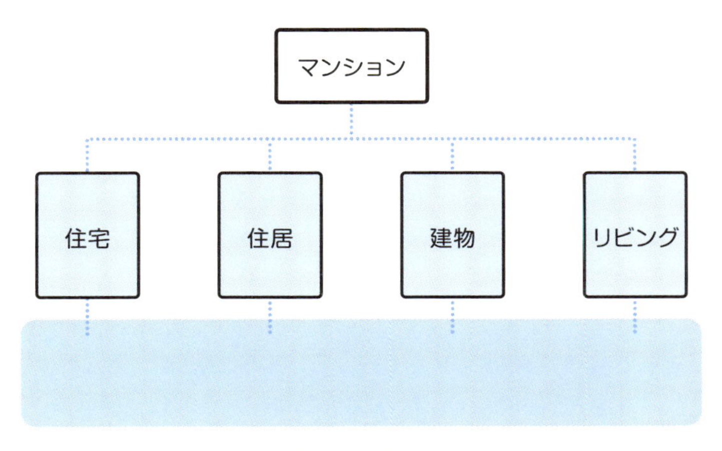

さらに深く掘り下げていくことで
関連語を集めることができる

関連語を使用することで、文章に奥行きを持たせることができます。反対に関連語が少ないと、ユーザー目線では、薄っぺらい印象の文章になってしまう可能性があります。

ここで、関連語の少ない文章と、関連語の豊富な文章を比べてみましょう。

■「マンション」に関する関連語が少ない例

> 日本国内でいうマンションとは、一般的に、部屋が壁で仕切られたタイプのことを指しています。
> ただし、英語圏の地域では意味合いが異なることから…マンションに住んでいると話をすると、大きめのものをイメージされ、とても羨ましがられると思います。
>
> なお、日本でマンションなどを貸す情報誌を見ていると、構造的な違いなどによって、微妙に言い方を変える場合もあるようです。

■「マンション」に関する関連語を多く使用した例

> 日本国内でいうマンションとは、一般的に、大型の集合住宅のことを指しています。
> ただし、英語圏の地域では意味合いが異なることから…マンション住まいだと話をすると、お屋敷をイメージされ、とても羨ましがられると思います。
>
> なお、日本で賃貸情報誌を見ていると、建物の構造によって、
> 微妙に言い方を変える場合もあるようです。

いかがでしょうか？　後者の文章では､「住宅」「住まい」「屋敷」「賃貸」「建物」といった関連語が使われています。

読者の目線で読んでみると、関連語を多く用いたコンテンツは、用いないコンテンツに比べてまわりくどくなく、その背景（奥行）や物事の輪郭がより鮮明に伝わりやすいことがわかるのではないでしょうか。
結果的にそのことが、Googleからの評価を高くすることにつながります。

関連語と共起語の違い

ここで、共起語と関連語の違いについて、しっかりと理解しておきましょう。共起語とは、文章を作る時に、主となる言葉とよく同時に使用される言葉のことでした。それに対して関連語は、主となる言葉に関連する意味を持つ言葉です。

例えば「マンション」という言葉について考えてみると、

❶共起語→「情報、エリア、購入」
❷関連語→「住居、建物、リビング」

のようになります。関連語の方が、共起語に比べてより「マンション」という言葉の意味に近く、共起語は、「マンション」という言葉の周辺的な意味を持つ言葉となっていることがわかります。

また「チャーハン」という言葉の場合、

❶共起語→レシピ、餃子、クックパッド、王将
❷関連語→ライス（飯）、焼き豚、残飯

となります。もちろん共通要素となる場合もありますが、分布として比較した際に、全体としての言葉の位置関係が、

共起語の方が広く、関連語の方が狭い

ことがご理解いただけるのではないでしょうか。

ここでもう一度P.155の図を見てみると、❻の共起語は少し離れた周辺に位置することもあり、幅の広がりをもたらしますが、❸〜❺の関連語は、比較的近しい周辺に点在することがわかります。

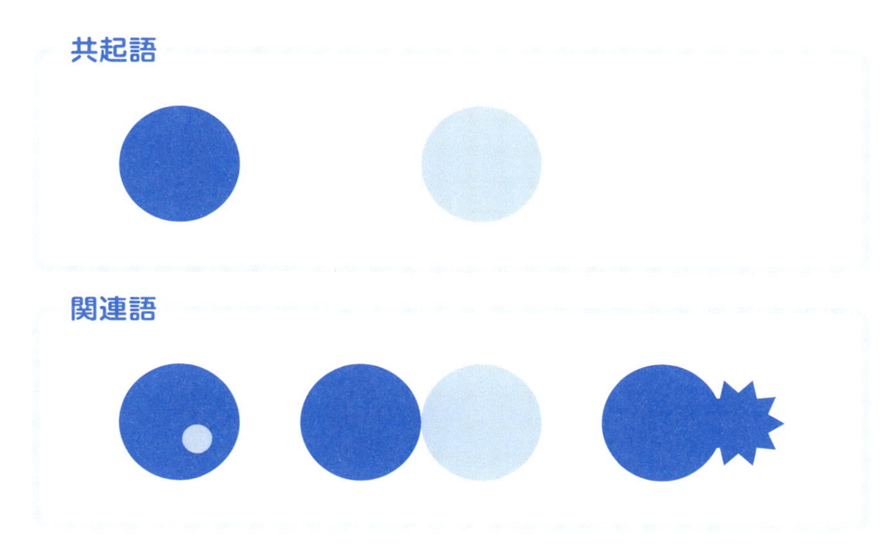

まとめると、以下のようになります。

共起語…コンテンツの広さ（キーワードとよく一緒に使われるもの）
関連語…コンテンツの深さ（キーワードの意味を構成するもの）

関連語が多く出現するサイトは、その質が深いものとなり、共起語が多く出現するサイトはコンテンツに幅（情報の広さ）が出てきます。
ただし、言葉の中には、関連語と共起語の両方に重なる言葉も存在します。

関連語を見つけ出す

関連語を抽出するために有用なサイトには、以下のようなものがあります。

● 日本語シソーラス「連想類語辞典」

http://renso-ruigo.com/

ただし、共起語抽出ツールも含め、これらのツールはいずれも、関連語や共起語などをきちんと区別して抽出することができません。そもそも複数の関係性に属する言葉もあるため、他の同種のツールを併用の上、コンテンツを構成していきましょう。
また、既存のコンテンツの中にここで抽出された言葉が含まれているかどうかの確認を行いましょう。ただしスタンスとしては、無理やり使用するのではなく、軸とのブレを修正することが目的です。

ここまで説明してきた関連語と共起語を意識してサイト作りを行うことで、検索エンジンの目線からも、人間の目線からも、優れたコンテンツを持つWebサイトになるはずです。

顧客思考トレーニング

- 関連語とは何かを理解しよう
- 関連語によって文章の質を高め、コンテンツに深みを持たせよう
- サイトを使って関連語を抽出しよう

LESSON 29 同義語を活用しよう

同義語とは何か

関連用語の５つの分類の一つ、「同義語」とは、「同義の語」、「義（＝意味）を同じくする語」のことです。つまり、

意味は同じでありながら、言い方の異なる言葉

です。角度を変えれば、異なる言葉でありながら、同じ意味を指している言葉ということになります。

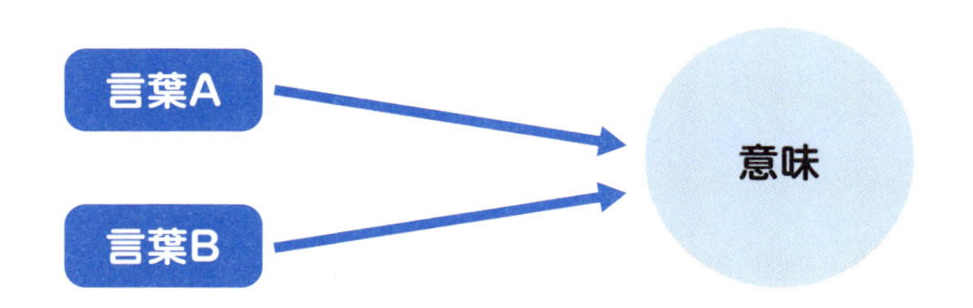

ここで、同義語と類義語の違いについて解説しておきます。

語形が異なるにも関わらず、意味は互いによく似ており、場合によっては代替が可能となる２つ以上の言葉を、「類義語」といいます。例えば、

「安全」…危なくないこと
「無事」…事故や失敗、病気などがなく、平穏であること

のように、意味が非常によく似ており、場合によっては特定の文脈の中で置き換え可能ですが、言葉そのものは完全に同じ意味とはならないのが類義語です。

それに対して、語形は異なるが、完全に同じ意味になる2つ以上の言葉を、「同義語」といいます。例えば、「本」と「書物」は、語形は異なるものの意味は同じであるため、同義語となります。

Googleによる同義語の理解

ここで、1例を示します。「レンタルマンション」をご存じでしょうか。レンタルマンションとは、その言葉の通り、レンタルできるマンションです。これは一般的に、レンタルする期間によって、「マンスリーマンション」や「ウィークリーマンション」とも呼ばれます。Google で、「レンタルマンション」と検索してみましょう。

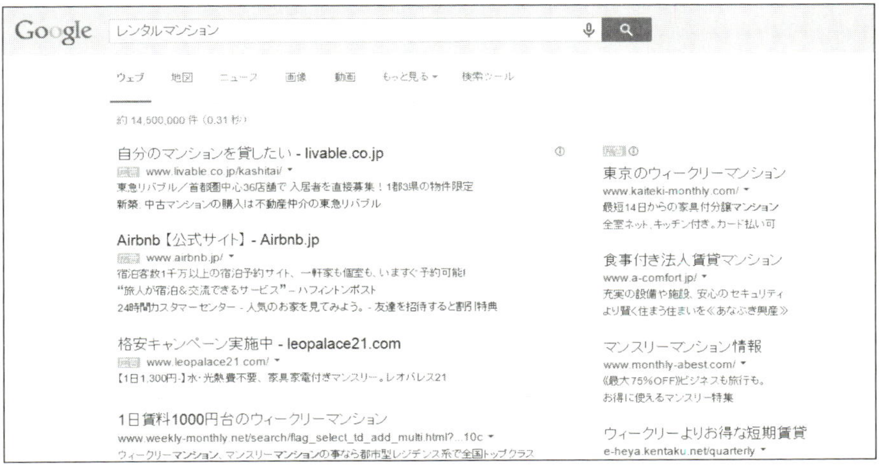

すると、タイトル部分（title）に「レンタルマンション」が入っていないサイトばかりが表示されます。同時に、スニペットも含め“マンスリー”や“ウィークリー”といった言葉が入っていることがわかります。
言うまでもなく、title は SEO においてもっとも重要な要素であり、狙うキーワードを必ず含めなければなりません。これは、

レンタルマンション＝
マンスリーマンション or ウィークリーマンション

が、それぞれ意味は同じでありながら、言い方の異なる言葉、つまり同義語であることを、Google がなんらかの技術によって理解できているのではないかということも推測できます。

つまり、何らかの解析や統計情報によって、検索エンジンに同義語として認識されつつある言葉が増えつつあるということです。

旧来であれば、レンタルマンションに関するコンテンツを作成する場合、「レンタルマンション」というキーワードを最低でも title に用いることで、検索結果に表示される工夫を行う必要がありました。
しかし Google の「同義語を認識する技術の発達」により、これからは、言葉の違いを考慮したコンテンツ作成の必要性もなくなる可能性が高いといえます。

しかしながら、検索エンジンの現在の技術レベルに鑑みた施策を行わなければ、十分にサイトを PR することはできません。現象や傾向、そして将来の方向性を観ながらも、やはり、title タグには表示させたいキーワードを含めるべきでしょう。

また、後の節（P.189）で行うキーワード調整において、例えば一つのコンテンツ内におけるある特定のキーワード比率があまりにも多くなってしまった場合、それを同義語に置き換えることによって、

キーワードの過剰使用によるペナルティを回避する

ことが可能となります。

例えば「ホームページ」というキーワードを多用せざるをえず、ペナルティの可能性が出てきた場合に、それを同義語である「Webサイト」等に置き換えることによって、ペナルティを回避する方策が可能ということです。

顧客思考トレーニング

- 同義語とは何かを理解しよう
- Googleによる同義語の解釈を理解しよう
- 同義語をうまく使ってペナルティを回避しよう

LESSON 30 類義語を活用しよう

類義語とは何か

類義語とは、義（＝意味）を類する（＝近似している）語のことです。例えば、「家」と「住宅」のように、

意味が似通っている言葉のこと

を類義語といいます。

同義語と類義語の違いに迷うところですが、P.172でも解説したように、同義語が「意味が同じ言葉」であるのに対し、類義語は「意味が似ている言葉」となります（ただし広義では同義語も含まれます）。

このような類義語を活用することで、文章に“幅”や“深み”を持たせることができ、かつ、コンテンツ内のキーワード調整をより柔軟に行うことができます。

「類語・類義語（同義語）辞典」（http://ruigo.guus.net/）を使い、「マンション」というキーワードを調べてみます。すると「アパート、アパルトマン、アパートメント」という類義語が表示されます。

マンションの類語・言い回し・別の表現方法

マンション	
意味・定義	類義語
通常アパートの階全部の部屋の一そろい [英訳]	マンション アパート アパルトマン アパートメント

なお、オンラインツールによるクセや性能などの問題によって、類義語が探せない場合は、次のようなツールで確認することもおすすめします。

● weblio 類語辞典

http://thesaurus.weblio.jp/

これらのサイトを使うことで、ピンポイントで類義語を拾い上げることも可能です。

コンテンツをつくる前後に、この語群から再度コンテンツを見つめなおし、可能ならば付加していただきたいと思います。

このように類義語を意識したページを作成することで、ページの質が格段に上がっていきます。

顧客思考トレーニング

- 類義語とは何かを理解しよう
- 類義語によって文章の質を高め、コンテンツに幅を持たせよう
- サイトを使って類義語を抽出しよう

LESSON 31

密度の高い文章を作ろう

密度の高い文章とは何か

Googleは、限りなく人間の読解力に近づくという理想を持っているようですが、コンテンツそのものの文意までをも読み解く力は、いまなお有していないというのが現状でしょう。

それでは、どのように判断しているかというと、コンテンツ内部にある言葉から、統計的に判断していると言われています。つまり、情報量が多いとそれだけロボットにはわかりやすく、PRの一助となります。
その意味で、1ページのコンテンツ内部では、検索者の意図を想定し、

密度の高い文章を作成していく

ことが重要です。しかし、「密度の高い文章」とは具体的にどのような文章なのでしょうか？

ここで、以下の例を見てください。○が密度の高い文章、×が密度の低い文章です。

◯寿司宅配の店舗一覧
×寿司を持ってきてくれる店の一覧

◯カビの発生原因
×カビはなぜできるのか？

◯人口が減少する
×人口が減ってきている

ここで◯とした文章の特徴は、名詞が比較的多いということです。
×とした文章の特徴は、助詞や動詞などが多めに入れ込まれているということです。

ユーザーが検索時に入力する内容を考えた場合、

助詞や助動詞、動詞などを使って検索を行うケースは非常に少ない

と考えられます。多くの場合、「名詞＋スペース＋名詞」という形で検索するパターンが非常に多いのではないでしょうか。つまり、ユーザーは知りたい情報を検索する際、

名詞を用いるのが一般的である

ということです（なお、その他若干の例外もあり、そのひとつとして「◯◯とは」は、多く使われるようです）。
そのためにも、美辞麗句をやたら入れ込んだり行間を読ませたりといった

難解な文章ではなく、わかりやすい明解な言葉を使用します。助詞や助動詞といったつなぎの言葉よりも、ある部分のみを抽出した際に何について書いてあるのかが明確に伝わる、「言葉そのものが意味を成す」ような書き方が理想です。

また、助詞や助動詞などがやたら多いと、文章の中身が回りくどく、要旨の伝わりにくいものになりがちです。これは、ユーザー目線においても大きなマイナスです。

圧倒的な情報量の差

名詞を多く入れ込むことのもう一つの利点として、限られた文字数の中で圧倒的な情報量の差を生むことができるということがあります。
以下のように、文字数とその中に含まれているキーワードの数を比べてみると、×の例に比べ、○の例の方が文字数が少なく、かつ効率的にキーワードが組み込まれていることがわかるかと思います。

○宅配寿司の店舗一覧…9 文字内に「宅配」「寿司」「店舗」「一覧」

×寿司を持ってきてくれる店の一覧…15 文字内に「寿司」「店」「一覧」

以上のような点に注意して文章を作成することで、豊富な情報量により、検索エンジンに対して良好な PR を行うことができます。その結果、body コンテンツの一部がロングテールキーワードで検索されやすくなります。

ただし、無理やり名詞を盛り込むことによって、文脈に悪影響を及ぼすことがないよう気をつけてください。Google はこの文脈を判断するため、技術レベルを上げようと努力しています。以下のように、ただ単に単語を羅列したような文章は避けるべきです。

日本国内マンションは大型集合住宅を指す（アパートNG）。
ただし語源の英語は、高級住宅の意味で用途過多、共同住宅の意味、ほぼなし。

実は英語圏、意味相違。自分自身の住居がマンションと発言
→お屋敷と勘違い。

なお、日本の賃貸情報誌を閲覧中、建物の種類注視後、
コーポやハイツ等、微妙に変化。

最後に、文章中にはできるだけキーワードを使うようにしましょう。以下の例のように、「あれ」「これ」「それ」といった指示語を使うのはマイナスです。

日本国内でいうマンションとは、一般的に、アパートよりも大型の集合住宅のことを指しています。

ただし、語源である英語では、あの意味で用いられることが多く、
そのような意味はほとんどありません。

このようにあちらでは意味合いが異なることから…自分自身の住まいがこれと発言すると、上に書いたようにイメージされ、とても羨ましがられると思います。

顧客思考トレーニング

- 情報量の多い文章を意識しよう
- 助詞や動詞よりも名詞を多く使おう
- 文章中には自然な流れでキーワードを使おう

LESSON 32

キーワード近接度を意識しよう

キーワード近接度とは何か

ここでは、文章中におけるキーワードの位置関係について解説を行います。キーワードの位置関係は、「キーワード近接度」を一つの指標として考えることができます。ここでいうキーワード近接度とは、

ページ内におけるキーワードの出現位置の間隔

のことです。

複合キーワードとして狙っている言葉どうしが近くに記述されているほど、つまり近接度が高いほど、その関係性が高いと認識され、重みつけを行うことができます。例えばA＋Bの複合キーワードで上位表示を狙う場合、このAというキーワードとBというキーワードを文章内で近づけることで、近接度を高めることができます。

なお、最近ではGoogleの技術力の向上により、ページ全体のキーワードを総合的に理解する能力がさらに高まっているようです。そのため、近接度のアルゴリズムは以前よりも力を弱めたとも言われています。

とはいえ、極端に長いページであったりなど、様々なケースも考えられ、

査定基準の一つとして今後も考慮していくべき指標であることに変わりはありません。

ここで、具体例を見てみましょう。「品川 カフェ」で上位表示を狙うお店のサイトの場合の例文です。

◯よい例

「品川駅近くの格安カフェです。1杯200円からおいしいコーヒーを味わえます。」

×悪い例

「品川駅近くで格安にて提供しており、1杯200円からおいしいコーヒーを味わえるカフェです。」

このように、よい例においては「品川」と「カフェ」が近接していますが、悪い例においては、少し長めの文章が間に入っています。「品川　カフェ」での上位表示を考えた場合、よい例のコンテンツの方が、高い評価が得られる可能性があります。

キーワード近接度では記述順にも注意

近接度の調整においては、

キーワードを記述する順番

も重要な要因となってきます。これも、Googleの技術向上により今後影響が少なくなる可能性もありますが、現時点では気を配った方がよいでしょう。

例えば「品川 カフェ」で上位表示を狙う場合は、以下のよい例のように、「品川」→「カフェ」の並び順で書くべきです。

◯よい例

「品川にて本格カフェをご提供します。」

×悪い例

「本格カフェを品川にてご提供します。」

ただし、語順に拘りすぎて文脈が理解しづらいものになってしまうのは、ユーザビリティの観点からよいものではありません。結果的に、SEO上マイナスとなる可能性もあります。意味として正しく理解できることを前提に、無理やり語順を変えるのではなく、可能な範囲で調整を行うべきです。

なお、複合キーワードで上位表示を狙う場合、キーワードを単に並べただけでは、文章として違和感が生じる場合があります。その場合は、適度に助詞等を用いてキーワード間をつなげることで、違和感が少なくなります。

例えば「エステ　天神」で上位表示を狙う場合、次のようになります。

×悪い例

エステ　天神セブンアイズはお客様目線で効果につながるご提案を……

◯よい例

エステの天神セブンアイズはお客様目線で効果につながるご提案を……

単に文章の中にキーワードを羅列するのではなく、「文章」として適切に読めるようにすることが、顧客目線≒Google目線において重要なことです。

同一キーワードは近接させない

キーワードの近接度を考える上で、注意するべきことがあります。それは、同一キーワードを接近させるのは、避けた方がよいということです。例えば以下のような例です。

<p>SEOの福岡EFGは、SEO会社として福岡地区を中心に営業活動を行っております。</p>

上記の文章では、同じpタグの中に「SEO」と「福岡」を2回ずつ、しかも近い位置に使用しています。

文章内に、同一単語があまりにも近すぎる位置にあると、検索エンジンが過剰なSEOと捉え、ペナルティと判断される危険性も秘めています。
文章に違和感が出ない範囲で、少し距離を置くべきでしょう。

顧客思考トレーニング

- キーワード近接度について理解しよう
- キーワードの記述順を意識しよう
- 同一キーワードの近接に注意しよう

LESSON 33

キーワード突出度を意識しよう

キーワード突出度とは何か

今回は、文章内のキーワード配置を考える上で「キーワード突出度」について考えてみたいと思います。キーワード突出度とは、

HTMLソース上部や文章の先頭付近に、上位表示を狙っている該当キーワードがどのくらいの割合で登場するか

ということです。

キーワード突出度は、英語では「Keyword Prominence（キーワードプロミネンス）」といい、キーワードを目立たせることでSEO評価を上げる手法です。
例えば、SEOに関するコンテンツの場合、「SEO」という言葉を、自然な文章の流れの中でソース上部や文頭近くに登場させることをいいます。

なお、近年ではページレイアウトアルゴリズムが背景にあるとはいえ、Webページには様々なパターンもあり、依然としてソースコードレベルからこだわった構造の方が、現況のGoogleの技術力に鑑みると未だ優位に立てるというのが、おすすめする理由です。

キーワード突出度の重要性

キーワード突出度の重要性は、どのような点にあるのでしょうか？
文面を理解する上で、それが何について書かれている文章なのかということを早期に明示することは、ユーザーにとって利益となります。
例えば下記のように、重要なキーワードがなかなか出現しない文章では、それが何を表したコンテンツなのかが理解しづらいものとなります。

<p> 一般的に、アパートよりも大型の集合住宅のことを指す場合、何と呼び名をつけていますか？ </p>

<p> 例えば語源である英語では、高級住宅などの意味で用いられることが多く、共同住宅の意味はほとんどありません。おわかりかと思いますが、マンションのことです。 </p>

それに対して冒頭部分等の早い時点で重要なキーワードを登場させ、文章の骨子を明確にすることで、読者にその文章の主旨を理解してもらい、コンテンツに対する要・不要の判断にかかる時間を短縮することができます。
例えば、下記のような例です。

<p> マンションとは一般的に、アパートよりも大型の集合住宅のことを指しています。 </p>

<p> ただし、これは日本国内のみで通じるものです。例えば、語源である英語では、高級住宅などの意味で用いられることが多く、共同住宅の意味はほとんどありません。 </p>

キーワード突出度の注意点

とはいえ、キーワード突出度を意識しすぎた過剰なSEOは、反対に評価を落としてしまう可能性も秘めています。例えば以下の例は、各要素内の先頭にキーワードを無理やり組み込もうとした悪い例です。

```
<p> ホームページ制作で重要なことは……</p>
<p>……</p>
<p> ホームページ制作の流れとは……</p>
<p>……</p>
<p> ホームページ制作で気をつけるべきことは……</p>
```

突出度に固執するあまり、すべて「ホームページ制作」から始まる文章となっています。
その結果、とても違和感を感じます。重要なキーワードは、文章の自然な流れを壊さない範囲で、先頭付近に配置するようにしましょう。

以上が、キーワードの突出度＝目立ち度についての解説でした。その他、これまでに解説してきた近接度などにも気を配りながら、不自然な文章になることがないよう文面を見直し、コンテンツを完成させていきましょう。

顧客思考トレーニング

- キーワード突出度について理解しよう
- ページや文章の冒頭に重要キーワードを配置しよう
- 不自然な文章にならないように注意しよう

LESSON 34

キーワード出現率・出現順位・文字数を最適化しよう

ページ内の文字数について

ここでは、コンテンツ内における

キーワード出現率
キーワード比率
キーワード出現順位
ページ内の文字数

について解説を行っていきます。まずGoogleの見解として、ページ内の文字数では検索順位は決定しないということも発表しています。しかし、文字数はもちろん、その他の発表においても、Googleの説明をあまりにも額面通りに受け取ってしまうことはおすすめできません。なぜなら、「現在の技術力との兼ね合い」という背景を見逃すことはできないからです。Googleはあくまでも「目指すべき理想値」を掲げているのであって、到達できていない現状や、未だ埋まっていない穴があるかもしれません。その点で、Googleの発表を受けて、その情報を鵜呑みにするのではなく、それをわれわれがどのように捉えるか？　という考え方の方が、今後より重要になってくると感じています。

このような前提の上で、まずは「文字数」について、考えてみましょう。もし全体の文字数が数文字程度しかないようなコンテンツの場合、検索エンジンへのPRという観点で疑問が残ります。その場合、自ずと画像へ頼ることとなりますが、alt内部では少しPR力に欠けること、多数の画像をベタベタ張りすぎると、ファイル数が増大となり、読み込みに影響を及ぼすこと、といったデメリットがあります。

反対に、例えば数百万文字もある文字数のページについては、ファイル数が増大することから、読み込み時間にも悪影響を与えることとなります。
またテキスト量が多ければ多いほど、1ページ内にコンテンツが収まりきらず、ユーザーはスクロールをしなければならなくなります。
スクロールさせすぎることについては、ユーザビリティの観点から疑問視する声も上がっています。実際、ページがあまりにも長すぎると、ユーザーは途中でわずらわしくなり、今、自分が文章全体のどこを読んでいるのか、把握しきれなくなります。

FacebookやTwitterのタイムラインのように、次々とスクロールしながら眺めていって、先頭に戻ることがめったにないタイプのサイトについては、スクロールが長くとも問題ないかもしれませんが、一般的なWebページの場合は、ページで分割されていた方が、見直しやすく、全体としての構造も把握しやすいものとなります。

以上のことから、「文字数」について、私は

1000～1500文字前後を推奨

します。1000～1500文字前後であれば、一般的なWebページにおいて、それほどスクロールの負担も大きくなく、かつ必要な情報を入れ込むのに十分な文字数であると考えられます。そして、おおむね1500文字を大きく超えて続くコンテンツの場合は、ページを分割することをおすすめします。

ここで、「Ferret+」というツールを使って、自分のWebサイトのキーワードの状況を分析してみます。
ブラウザで「http://tool.ferret-plus.com/analysis/detail」にアクセスし、無料登録（有料版もありますが、無料版でも十分活用できます）のうえ、ログインします。表示される画面上部のタブで「SEO対策チェック」→「特定サイト」の順にクリックします。

ここで、キーワード覧に狙っているキーワードを、URL覧に判定したいURLを入力のうえ、「チェック」をクリックします。
すると、次のような結果を得ることができました。

ここで、「【5】テキスト量・発リンク数」の項目を見ると、テキスト量については、1,324文字の「○」印がついています（推奨する1000～1500文字前後に収まっています）。

【5】テキスト量・発リンク数

テキスト量	1,324文字	○	テキスト量が適性範囲内（600～1500文字）です。SEO効果は高いと言えます。（オリジナルテキストで無い場合は、ペナルティを受ける可能性があるので注意が必要です）
発リンク数	外部リンク：0 内部リンク：36	○	発リンクが適性範囲内（30～100）です。SEO効果は高いと言えます。※外部発リンク割合とセットで対策が必要です。
外部発リンク割合	0%	○	外部発リンク割合が適性範囲内（10%以下）です。SEO効果は高いと言えます。※発リンク数とセットで対策が必要です。

このようにツールを用いることで、簡単に文字数を計算することができます。

キーワード出現率について

次に、キーワード比率・キーワード出現率についての解説を行います。
まずキーワード出現率とは、すべての語句の中で、何をどのぐらい使用しているかの数を順位づけしたものです。Ferret+ で分析を行うと、実際に使われているキーワードの数（個数）と使用率（%）が出てきます。

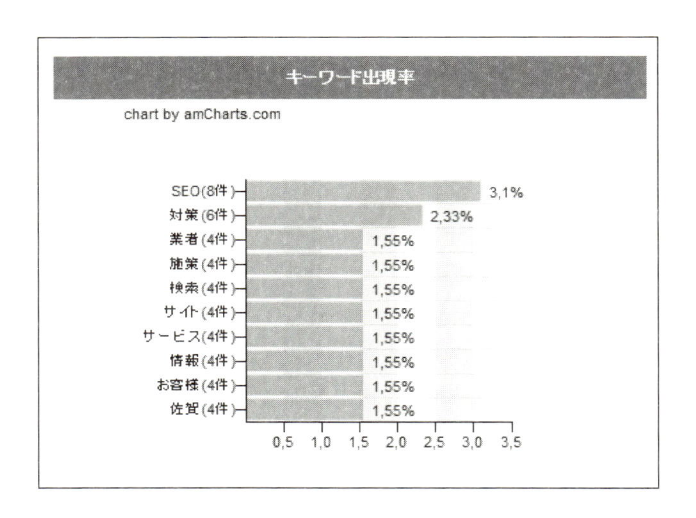

検索エンジンを利用するユーザーは、キーワードをもとにサイトを検索し、アクセスします。ここで、ページ内に存在する中でも使用数の多い語句が、コンテンツの基盤を形成することとなります。
つまり、

キーワード出現率が高いものほど重要

と捉えられ、自ずとコンテンツの中心軸、つまり何を主題としたサイトなのかを、検索エンジンにPRすることができます。
PRしたい言葉の出現率が他のキーワードよりも極端に少ないということ

ならば、主とするものがぼやけてしまいます。ここで、行間を読める人間であれば、端々での言葉が結論を物語っていると読み取ることもできるかもしれませんが、現況まだまだその域までは達していないという前提での施策が無難なように感じます。

例えば「SEO 佐賀」というキーワードで上位表示を狙う場合、最小単位として「SEO」「対策」「佐賀」に分けることができます。
仮に、これら3つ以外のキーワードが異常に突出して多くなり、それによって「SEO」「対策」「佐賀」の出現率が下がってしまうと、文意の軸足が保てなくなります。また、検索エンジンもそのページの主旨を誤解してしまう可能性もあります。

無理のない範囲で、

もっとも強調したいキーワードの出現頻度（使用数）が多くなる

ように調整するべきです。

キーワード比率について

次のキーワード比率とは、対象とするキーワードのみについて、全体の中での使用率（%）を計算したものです。
キーワード比率については、SEO 業者により様々な見解や憶測もあります。加えて Google からの正式な適切比率の発表は現況ありません。そのため、これまでの検証や実績の範囲内でお話していきます。
こちらも、Ferret+ の SEO ツールを参照に解説していきます。

キーワード比率は、以下の画面のように、サイトタイトル～h1までには必ずキーワードを含めるようにします。また、キーワード比率をページ全体として8%未満に抑えますが、理想としては7%台でペナルティにかからない上限値で、検索エンジンに最大限アピールするようにします。なお、これらは目安でしかありませんが、想定されることとして、1000 ～ 1500字くらいの文字量であれば、7%台というのは多すぎず少なすぎずという意味で私は基準にしています。

【4】キーワード比率			
サイトタイトル	SEO(2件/0.78%) 対策(1件/0.39%) 佐賀(1件/0.39%)	○	対象キーワードがすべて入っています。SEO効果は高いと言えます。
meta keyword	SEO(1件/0.39%) 対策(1件/0.39%) 佐賀(1件/0.39%)	○	対象キーワードがすべて入っています。SEO効果は高いと言えます。
meta description	SEO(2件/0.78%) 対策(2件/0.78%) 佐賀(1件/0.39%)	○	対象キーワードがすべて入っています。SEO効果は高いと言えます。
<H1>タグ	SEO(1件/0.39%) 対策(1件/0.39%) 佐賀(1件/0.39%)	○	対象キーワードがすべて入っています。SEO効果は高いと言えます。
ページ全体	SEO(8件/3.1%) 対策(6件/2.33%) 佐賀(4件/1.55%)	○	ページ全体に対するキーワード比率が適性範囲内(3～8%)です。SEO効果は高いと言えます。

これらの「キーワード比率」と「キーワード出現率」においては、同義語や類義語等の関連キーワードを多用することで、調整も可能となり、コンテンツに幅を持たせることができるようになります。

キーワード出現順位について

最後に、キーワード出現順位について見てみましょう。P.192の画像でキーワード出現順位を見ると、次のようにリストアップされています。

SEO（8件） 対策（6件） 業者（4件） 施策（4件） 検索（4件）
サイト（4件） サービス（4件）情報（4件）お客様（4件） 佐賀（4件）

使用順位がもっとも多いのは「SEO」、次が「対策」です。その他4件の中には「佐賀」も入っています。

このように、軸としたい、またはPRしたいキーワードの出現順位が高い方が、検索エンジンにも伝わりやすいものとなります。

顧客思考トレーニング

- 適切な文字数でコンテンツを作成しよう
- キーワード比率・キーワード出現率を意識しよう
- キーワード出現順位を意識しよう

LESSON 35 ミラーチェックをしよう

ミラーサイトとミラーチェック

ここまでのところで、顧客思考に基づくコンテンツ作成が完了しました。5章の最後である今回は、ここまでで作成したコンテンツの最終確認として、ミラーチェックの方法を解説します。

ほぼ同じコンテンツを持つ Web サイトのことを、「ミラーサイト」といいます。鏡が物をそっくりそのままの姿で映し出すことから、このような呼び名がついています。

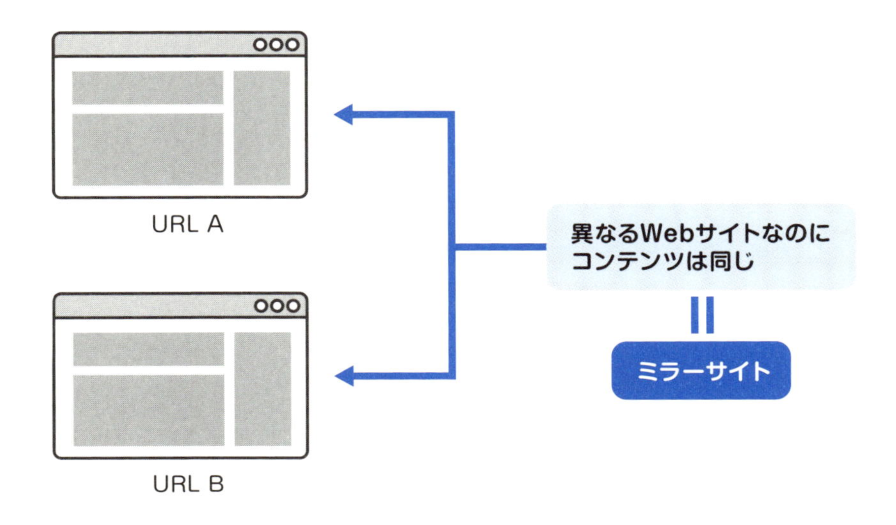

現在、Googleの検索アルゴリズムは、質の高いサイトを上位表示させる傾向にあります。その質として問われる要素の一つが、

オリジナルのコンテンツであるかどうか

ということです。
その意味で、ミラーサイトが存在することにGoogleが気づいた場合、
検索順位に悪い影響を与えることとなります。

ミラーサイトが生まれる背景には次のような理由があります。

・意図的に同じようなページを複数制作し、検索結果に表示させるようにした
・内容が似てしまうページを複数制作してしまうことになった

前者は、SEOを悪用した例であり、必ず避けなければなりません。ミラーチェックを行い、早期に削除することをおすすめします。

後者は、例えばECサイトにおいて同じ商品のページに対して、複数のURLが生成されてしまう場合などが該当します。このような場合は、ページを削除することは難しいので、後に述べるような方法で対策を行います(P.200)。

サイト内部、そして外部サイトとの類似率（ミラー）をチェックした上で、できるだけコンテンツが重複しないように工夫をしましょう。

ミラーチェックの方法

以下に、ミラーチェックを行うためのツールを紹介していきます。

■ head内のチェック

head内のミラーチェックは「Googleウェブマスターツール（Google Search Console)」を利用します。

左側のメニューで「検索のデザイン」→「HTML改善」をクリックすると、該当するデータが抽出・表示されます。

HTML の改善

最終更新日: 2015/05/18
以下の問題に対処すると、サイトのユーザー エクスペリエンスとパフォーマンスを向上できる可能性があります。

メタデータ(descriptions)

重複するメタデータ(descriptions)

長いメタデータ(descriptions)

短いメタデータ(descriptions)

タイトルタグ

この場合、サイトのタイトルタグについては問題が検出されませんでしたが、メタデータについては、重複しているページが見つかったようです。この「重複するメタデータ」をクリックすると、次のような文章が表示されます。

HTML の改善

重複するメタデータ(descriptions)

メタデータ (descriptions) を記述することで、ユーザーが検索結果ページでサイトのコンテンツの内容を確認できるようになるため、サイト

このテーブルをダウンロード

重複するメタデータ(descriptions)のあるページ

▸ ホームページ制作(製作)福岡の7eyesは、SEO対策による検索エンジン最適化や

最後に、該当する文章の▶をクリックすると、重複ページが表示されます。

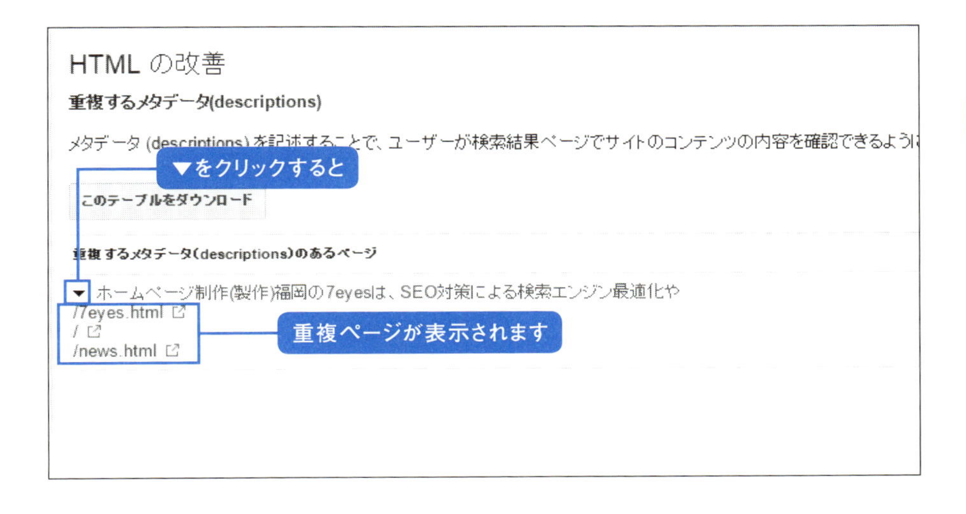

■ body 内のチェック

body 内のミラーチェックは、「webconfs.com」(http://www.webconfs.com/similar-page-checker.php) を利用します。

画面内の空欄に、比較する 2 つページの URL を入力し、「submit」をクリックします。すると、2 つのページの類似率が算出されます。
ちなみに今回は、同じサイト内の異なるページで確認をしてみました。
すると、類似率は 32%という結果が出ました。この値ができるだけ少なくなるように、工夫することが必要です。

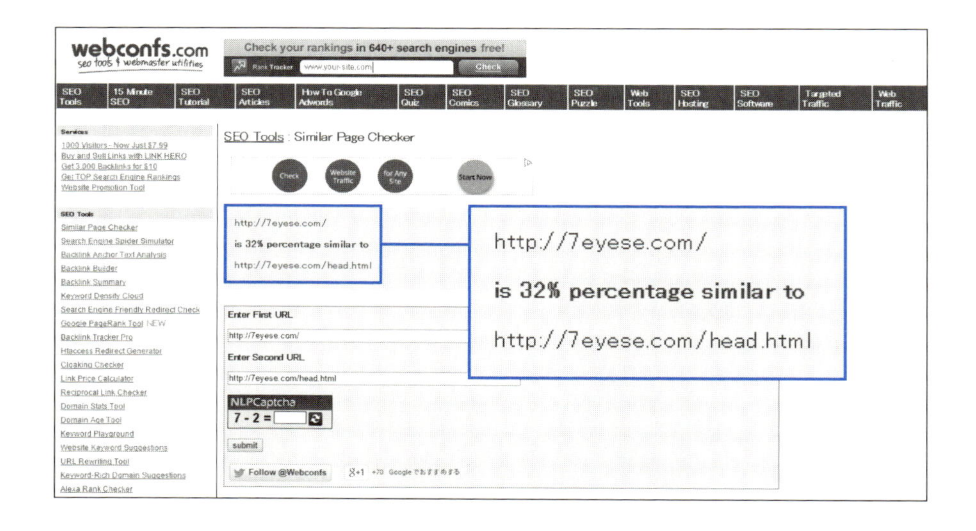

重複ページの修正が難しい場合

ページ数の多いWebサイトを運営していると、類似率の高いWebページがどうしても発生してしまいがちです。そして、重複ページの修正が難しいという場合、

重複しているページのいずれかをGoogleの評価対象から外す

ことも有効な方法です。
Googleからの評価を一つの正式なページのみにするには、重複ページのhead内にcanonicalを挿入します。具体的な記述は、次のようになります。

```
<link rel="canonical" href="正式ページのURL" />
```

内容が類似するページが発生する場合に、正式ページに向けた記述を行うことで、重複をなくしていくのです。これをURLの正規化といいます。
例えば通販サイトなどにおいて、動的ページの生成により、商品をいくつかの条件によって並べ替えることがよくあります。
しかしその場合、複数の同一コンテンツが別のURLとして出力されてしまうこととなります。

例えば、以下の❶と❷のURLは、並べ替えの条件などによって、元のページであるhttp://www.example.com/a/から、2種類のURLが作成されてしまった例です。
内容を同じくするhttp://www.example.com/a/と❶❷は、重複コンテンツということになってしまいます。

❶ http://www.example.com/a/?b=c
❷ http://www.example.com/a/?d=e

このようなケースで、❶と❷のhead内部にそれぞれ<link rel="canonical" href="http://www.example.com/a/">を記述することで、❶と❷はhttp://www.example.com/a/の重複ページであるということを検索エンジンに指し示す手がかりとなるのです。

なお、トップページであるindex.html内部にも使用することがあります。

顧客思考トレーニング

- □ **ミラーサイトの存在に注意しよう**
- □ **head内、body内の重複をチェックしよう**
- □ **重複ページはcanonicalで対応しよう**

第6章

POINT 5

「Webサイト運営」で顧客思考のSEOを実践する

SEOを意識したWebサイトの構築において、ここで「終了」という境界線は、皆無といってよいでしょう。
常に変化し、改善を続けることによって、1つ1つの施策を積み重ねていくことで、サイトの順位を確固たる地位へ押し上げることができるのです。
植物と同様、種を蒔いただけでは、結果を出すことは非常に難しいといえます。
つまり、サイト作成後の運営・管理が、とても重要な位置づけとなってくるのです。

LESSON 36

SEOの運用・管理と外部対策の概要

SEO運用・管理の全体像

SEOという作業において、一通りの施策を行った後は、運用・管理を行っていくことになります。本書で考える運用・管理には、次のような内容が含まれます。最初の2つは、大きく「外部対策」として分類することができます。

・サテライト（衛星）サイト作成
・被リンクの管理
・サイトの適切な管理や更新
・インデックス促進
・XMLサイトマップやRSSの作成・送信

これらの外部対策や運用・管理は、SEOを考える上で非常に重要です。とはいえ、これらの施策は、これまでの章で解説してきた内部対策がおろそかになっている状況では意味がありません。内部対策を怠ったページに外部リンクを張ってしまえば、

せっかくの外部対策も徒労に終わるか、むしろ逆効果となる

可能性もあります。

ポテンシャルの高いサイトであれば、外部からの効果を最大限に活かすことができますが、内部施策を怠ると、外部の施策を行ったとしても、内部がボトルネックとなって、力を発揮することができないのです。
内部対策の土台の上に、これら外部、運用面での施策があると考えるようにしてください。

外部対策について

まずは、本書における外部対策の定義について解説を行います。
外部対策とは、

外部のWebサイトから自分のWebサイトへ向けてリンクを張る

SEO施策のことを指します。つまり、Webサイトの内側に直接手を加えるのではなく、Webサイトの外側からの施策ということになります。そして、このように外から自サイトへと張られたリンクのことを、被リンクといいます。

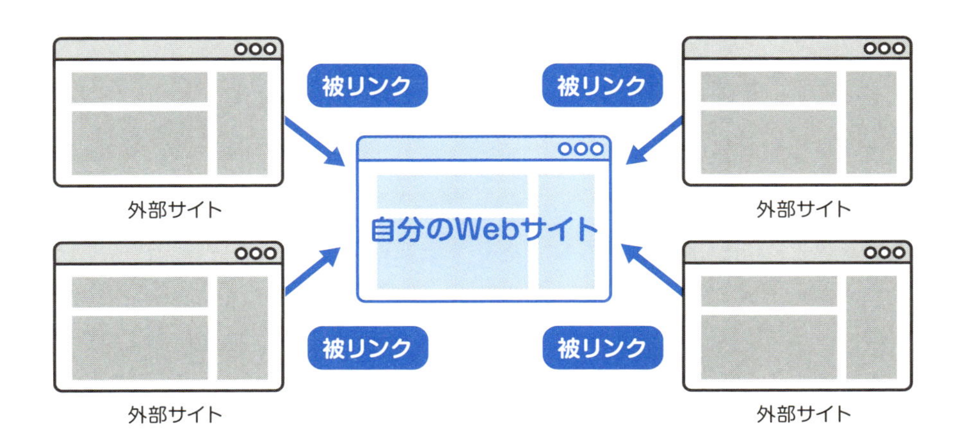

内部対策については、タイトルタグをはじめとして、meta要素やbody内部など、サイト運営者自身でコントロールできるものがほとんどです。これに対して外部対策は、他力本願的な意味合いも含まれており、自サイトを直接改善するものではありません。

Googleにおける外部リンク（被リンク）の考え方としては、人間社会でいう投票のようなものに例えられます。被リンクが多いということは、そのWebサイトにたくさんの票が集まっているということです。人気のあるWebサイトかそうでないかという考え方をもとにアルゴリズムを構築していくのが、外部対策の基本的な考え方です。

Googleによる評価の変化

かつては、Googleによる被リンクの評価は、その「数」を中心に見て行われるものでした。被リンクが多ければ多いほど、そのサイトは価値のあるものとしてその評価を高めていたのです。しかし現在では、被リンクを評価するGoogleのアルゴリズムは変化を遂げ、

数の時代から質への時代へと変わりつつある

と言われています。
つまり、質の低い被リンクをいくら集めても意味がなく、質の高い被リンクを集めることが重要になってきているのです。

具体的に、質を高める被リンク元のサイトや構成とは、主に以下のすべてを満たしているリンクのことを言います（ただし、後述する「発リンク」そのものの実情も大きく関わってきます。これについては、後ほど詳しく解説します）。

❶コンテンツに関連性や専門性、独自性があるなど、評価の高いサイトからのリンク
❷ドメインが分散されているサイトからのリンク
❸行き過ぎた相互リンクのないサイトからのリンク
（相互リンクを行う場合は、ユーザー目線で考え、本当に必要か否かを今一度検討すること。加えて、相互リンクそのものの是非が問われているため、相互リンクのみが目的とならないようにすること）

その他、ページランクによる要因も少なからず残っていると考えられますが、今後の更新がないことも示唆されており、今後はあまりあてにせず、上記を念頭に計画を立てることをおすすめします。

その上で、Googleの検索アルゴリズムの比重は、外部から内部へ、その重要度が移行しつつあると言われています。つまり、

外部対策の重要性は低くなる傾向にある

のが現状です。

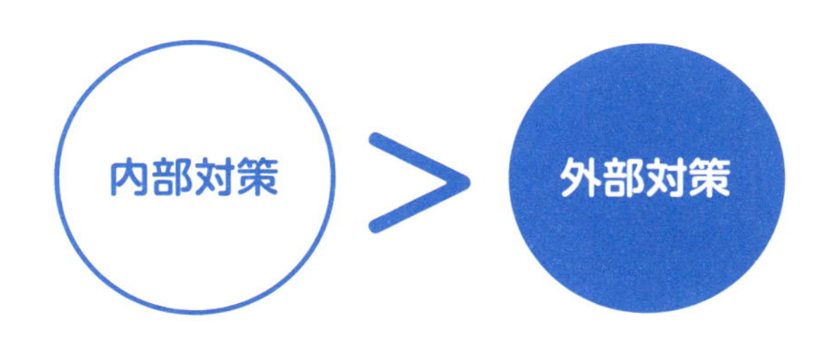

とはいえ、外部リンクによる検索順位への影響がまったくなくなったかというと、そうではありません。時代の流れとして、外部への比重は減る傾向にあることは事実としてありますが、Googleの技術革新が内部のみで判断できるところまでは到達できていないというのが実情だからです。

いくらよいコンテンツであったとしても、誰からも評価されていないサイトは、検索エンジンも判断に迷う場合があります。
Web サイトに対する評価の裏づけとなるものとして、Google は今なお

外部リンクの評価を捨てたわけではない

と考えられます。
そのため、以前ほどではないものの、内部対策同様、外部における施策を引き続き行っていく必要があるといえるでしょう。

顧客思考トレーニング

- SEO の運用・管理の全体像を理解しよう
- 外部対策の定義と Google による評価の傾向を知ろう
- 内部対策の重要性をあらためて理解しよう

サテライトサイトを作成しよう

サテライトサイトの作成

SEO 外部対策の施策の一つに、

サテライトサイトの作成

があります。これは、自社のメインのWebサイトを支援するような、様々な切り口のテーマのWebサイトを作成し、そこからメインのWebサイトに対してリンクを張るというものです。
この「支援する役割」のWebサイトが、あたかもメインの本体サイトに対する衛星のような存在であることから、一般的にサテライト（衛星）サイトという呼び名がつけられています。

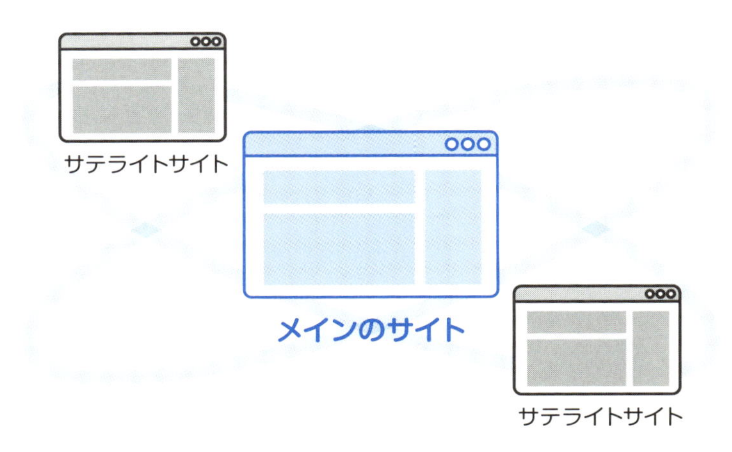

サテライトサイトの効果としては、次のようなメリットがあります。

❶新たな流入口の獲得
❷コンバージョン率への助力
❸複数または複合キーワードでのリスク分散

❶の「新たな流入口の獲得」については、ユーザーが自社のWebサイトを訪問する際の入り口として、メインのサイトへ直接訪問する以外に、複数のサイトを誘い水として活用することができます。

❷の「コンバージョン率への助力」は、ニッチな2～3語などの複合キーワード（ロングテール）において、検索者とサイト運営者の目的が一致することで、本体サイトへの誘導を促すことができ、コンバージョン率の手助けとなります（複合キーワードの数が増えるほど、優位に立てます）。

❸の「複数または複合キーワードでのリスク分散」は、Webサイト内部でのコンテンツの幅や奥行を考えた時に、そのサイトの内部の情報だけでは完結できないケースが多くあります。そこで、メインサイトで狙っているキーワード以外の複合キーワードなどをテーマとしたサテライトサイトを作成することで内容を補完し、複数サイトとして運営することで、リスクを分散することができます。

以前は、こうしたサテライトサイトの「数」がSEOに大きな効力を発揮する時代がありました。しかし、Googleの評価が数から質へと変化しつつある現在、以前のようにサイト数やリンク数ばかりにこだわって、中身のないサイトを数多く作成してリンクを張るよりも、

数は少なくても中身の濃いサイトを作る

方が、効果が現れやすくなっています。

以前のリンクを張るだけの単純な外部対策とは異なり、衛星サイトにおいても、きちんとコンテンツの質を上げていくことが、検索上位表示への近道であるといえます。

外のサイトから自サイトへリンクを張る外部対策は、人気サイトとして、自然発生的に被リンクが施される場合もあるものの、多くの場合、自分でサテライトサイトを作成し、意図的に被リンクを増やしていきます。

自作自演のように聞こえるかもしれませんが、有益なWebサイトへの流入口を数多く用意するという点で、ユーザー利益にかなった行為です。内容を伴った施策であれば、ユーザビリティに適っていますし、「顧客思考」につながることとなります。

サテライトサイトのテーマ

量よりも質が重視されるようになった現在の状況下では、サテライトサイトの作成は、

テーマの決定がもっとも重要な決め手

となります。サイト作成にあたって、これはどのような主題に基づいた記事なのか？　という軸足をきちんと固めておくことが重要です。

ここで、次ページの図を見てください。例えばSEOというテーマの本体サイトに対し、なんらかのサテライトサイトを構築しようとした場合、サイトのテーマはどのようなものが望ましいでしょうか。

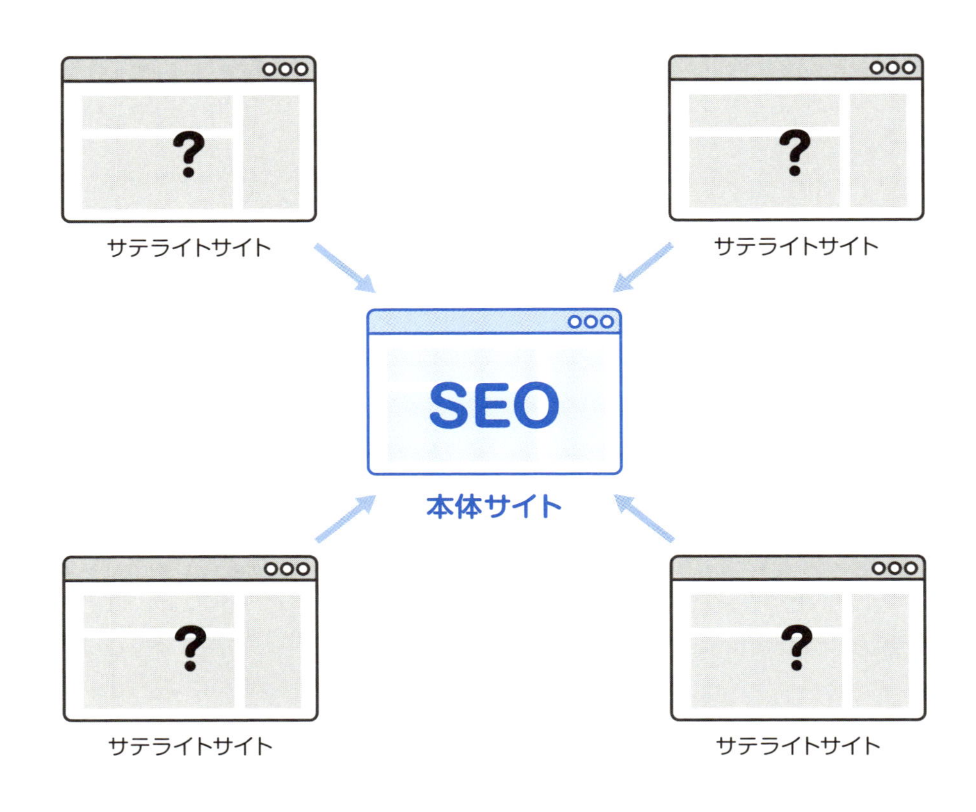

SEOというテーマに対してサテライトサイトを配置する場合、本体サイトのテーマと関連性のあるコンテンツを内包していることが必要不可欠です。例えば、SEOという本体サイトのテーマに関連性のあるものとして、

❶ Webライティング
❷デザイン
❸コーディング
❹ Web

という、4つのテーマを考えたとします。

ここで、❶❷❸のWebライティング、デザイン、コーディングは、その中の一部分がSEOに関わっています。また❹のWebは、SEOをそのうちに含む、大きな範囲を指し示すテーマとなっています。
それでは、関連性という観点から考察して、上記の❶〜❹のどれをサテライトサイトのテーマに選ぶのが最適解なのでしょうか？

その答えは、すべて何らかの関連性があるテーマのため、❶〜❹のどれを選んでも、問題はない、というものです。しかしながら、内容の近さということを念頭に、いずれもSEOの領域と重なる部分を中心にして記事を書くべきです。

このように、関連性の度合が大きいものほど、サテライトサイトからのリンクは効果的です。
加えて、本体サイトの内容を補完することをテーマとして構成していきましょう。

顧客思考トレーニング

- サテライトサイトの役割を理解しよう
- サテライトサイトは数よりも質にこだわろう
- サテライトサイトのテーマを選ぼう

LESSON 38 サテライトサイトからリンクを張ろう

リンクの張り方の注意点

外部対策における本体サイトとのインターフェースは、ただ単にリンクを張るだけの単純作業です。とはいえ、その張り方には、時間軸や位置、量、種類など、様々な留意点があります。

そしてこれらの留意点に共通するのが、

❶不自然さをなるべく減らす
❷リンク先との内容の不一致をなくす

ということです。それでは、具体的にご案内します。

1 時間軸

外部からリンクを張る際には、時間軸を意識することが無難です。時事ネタなどのレアケースを除いて、被リンクが短期間で急激に増えるケースは極めて珍しいことです。コンテンツの内容によっては、ソーシャルからの拡散等で、被リンクが急増することも皆無ではありませんが、多くのサイトは、時間をかけて少しずつ増加していくものです。
このような理由から、下記のような例は「不自然さ」という点で、Googleから目をつけられる可能性があります。

❶アップしたばかりのWebサイトに大量のリンクを張る
アップしたてのWebサイトに対して、被リンクが急に増えるということは非常に稀なケースです。なぜなら、公開されたばかりの、検索結果にも表示されないようなサイトに対して、大量のリンクが張られるということになるからです。加えて、最初の1～2か月だけ頑張って大量のリンクを張り、その後まったく被リンクが増えないというのもとても不自然です。

❷一定の割合で増えていく
短期に急激に増えるのは不自然だからといって、毎日計ったように3つずつなど、一定の割合でリンクが増えていくというのも、やはり不自然であることに変わりありません。

2 リンク先ページとのリンク情報との一致
リンク元のアンカーテキストには、リンク先ページ内容を簡潔にまとめた情報を記述するようにします。また、そのリンクの前後には、アンカーテキストを補足するような内容を記述します。それにより、閲覧者は、リンク先のページの内容を理解しやすくなります。加えて、リンク元のテキストの内容が、リンク先のページの情報と合致している必要があります。
例えば次の例は、リンクが飛んだ先のタイトル（title）が「<title>モバイルフレンドリーテスト</title>」となっています。このようなアンカーテキスト、および周辺の文章が理想的です。

「スマホ対応」ラベルを表示させるには、スマートフォンに対応したサイトを制作することが求められます。
その判断基準として活用したいのが、Google関連サイトのGoogleDeveloper内にある<a href="https://www.google.com/webmasters/tools/mobile-friendly/">モバイルフレンドリーテスト</a>のお墨つきをもらうことです。
このサイトでは、問題なくきちんと表示できているかを判定するツールとして利用できます。

3 発リンクの量

サテライトサイトから本体サイトへの発リンクは、その数をできるだけ少なくした方が、その効果を十分に発揮することができます。あまりにも多くのサイトに対してリンクが張られている場合、作為的ととらえられ、Googleがその評価を落とす可能性があります。

4 発リンクの場所

サテライトサイトにおける発リンクの場所は、メニューエリアやフッターエリアからのリンクよりも、メインコンテンツエリア内部からのリンクの方が、高い効果が得られます。Googleは、メニューエリアやフッターエリアよりもメインコンテンツエリアの方をより重要な要素として捉えています。加えて、リンク集のように、メニューエリアやフッターエリアに他サイトへのリンクを多く連ねているWebサイトもあり、それらの中には、サイトを推薦する目的ではなく、SEOのみを目的としてリンクを張っている例も見られます。

5 発リンクの条件

発リンクを取り巻く様々な条件に応じて、Googleからの評価は変動することになります。以下に、いくつかの条件をまとめています。

❶リンクタイプが分散されているか

アンカーテキストを用いたリンクは、ユーザーの利便性という点でSEOにおいては有効です。しかしその数があまりにも多すぎると、SEO目的の作為的なリンクであると判断され、検索上位表示の重しとなる可能性を秘めています。そのため、下記のような様々なタイプのリンクを含めることで、リンクタイプを分散させるようにします。テキストリンクが中心で問題はありませんが、URLそのものや画像リンクを織り交ぜることで、「自然な」被リンクに見せるということです。

・直接的なキーワードを用いたアンカーテキスト
・同義語や共起語など関係性のある言葉を用いたアンカーテキスト
・URLによるリンク
・画像によるリンク

❷リンクの方向に注意する

互いに相互リンクを張ることで、作為的に被リンクを増やし、双方のWebサイトの評価を高める、リンクファームという手法があります。Googleはこうした作為的な手法を嫌いますから、リンクファームに参加していると間違えられないようにする必要性があります。次の図のようにリンク方向を1方向のみに限定することで、リンクファームと間違えられることを避けることができます。
しかし、実際に意味があって相互リンクを行うことは問題ありません。ただし、その数が、何十、何百と増えると、作為的と思われるためNGです。

なお、この図のようにリンクを一方向にすることで、サテライトサイトへの被リンクがなくなってしまうことになります。サテライトサイトも被リンクを受けた方が、何も被リンクのないサテライトサイトからの被リンクよりも、効果が高いものとなります。

そのためには、自分で作成した別のサテライトサイトからそのサテライトサイトにリンクを張ったり、第三者にリンクを張ってもらえるような良質なコンテンツを作成し、自然発生的なリンクを得る必要があります。
なお、発リンクしているサイト自体も、適切な内容の補完に当たる場合、ユーザビリティの向上につながるため、評価される場合もあります。

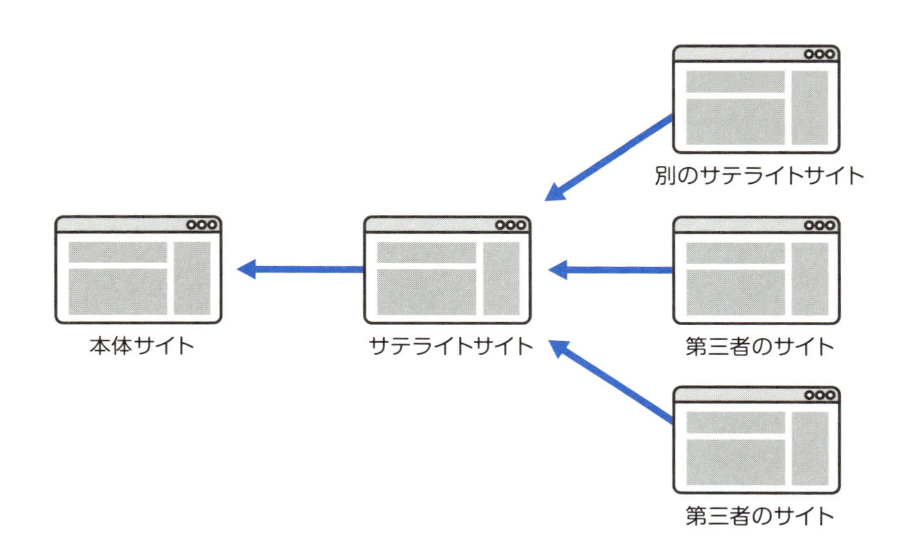

❸サブページへのリンク

被リンクというと、もっぱらトップページだけに行うものと思われがちです。しかし、Googleの認識としては、Webサイトを構成するすべてのページが、1ページずつ独立していると考えています。つまり、サブページはトップページを補うための「サブ」だけではなく、それぞれが独立した意味合いを持っているのです。Googleウェブマスターツール（Google Search Console）で、title、description等の重複改善を促されるのもそのためです。

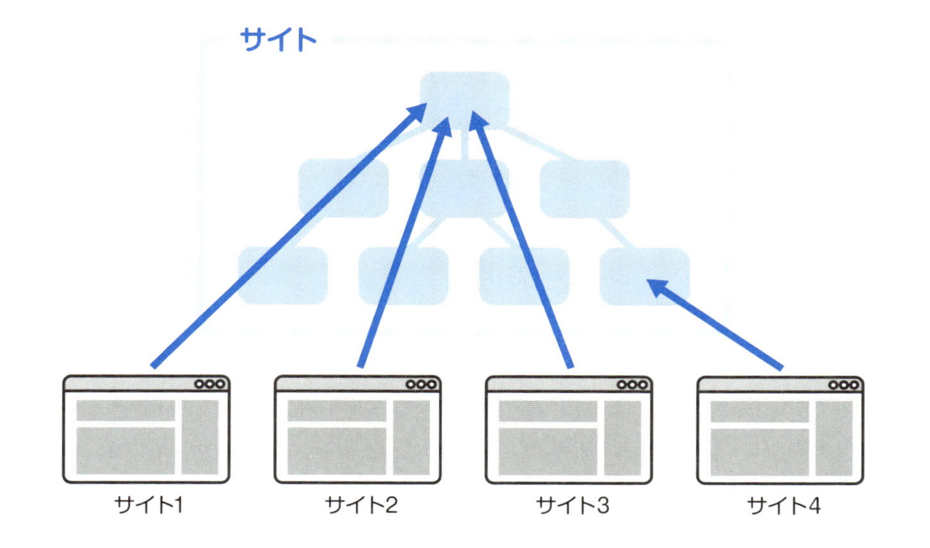

上の図のように、サイト１～３は、トップページに対してリンクを張っています。しかし、その中の一部のリンクについては、サイト４のようにサブページに張ることをおすすめします。なぜなら、トップページばかりにリンクが集まるのは、作為的な印象をGoogleに与えるからです。そこには、必要に応じて、必要な場所に対してリンクが張られるのが自然である、という基本的な考え方があります。

トップページとサブページのリンク比率の重要性が叫ばれることもありますが、その意味では、本来リンクを張るべきページに適切にリンクが張られているかどうかということが本来は決め手となるはずです。比率調整のために、数合わせでリンクを張るような行為は避けるべきです。なお、同じドメイン配下ならば、内部リンクが適切に張られることで、トップページの底上げにもつながります。

発リンクのまとめ

ここで、これまでに解説してきた諸条件をおさらいする意味で、優良な発リンクの条件をまとめておきます。

❶時間軸を考慮
❷リンク情報の一致
❸発リンク量／サイトを制限
❹ページ内部のリンク位置に注意
❺リンクタイプの方向に留意

このうち、今後ますます重要になってくると考えられるのが、「❷リンク情報の一致」です。関連性が薄いWebサイトからのリンクの場合でも、影響力のあるサイトであれば、そのリンクは現況、高い効果を持つこともあります。
しかし、時代の流れから先々のことを考えていくと、今後は関連性を土台とした「情報一致」がアルゴリズム内の比重をますます占めていくことになるのではないかと予想しています。なぜなら、リンク元とリンク先の関連性の高さは、「顧客思考」ということを考えた場合にもっとも重要な要因となるべきだからです。

顧客思考トレーニング

- 不自然な外部リンクに注意しよう
- リンク元とリンク先の関係性を考慮しよう
- 優良な発リンクの条件を知ろう

ESSON 39

リンクの否認（非承認）を依頼しよう

リンクの否認（非承認）とは何か

リンクの否認（非承認）とは、外部から自分のWebサイトに張られたリンクを評価しないように、Googleに対して依頼を行う機能です。ただし、これはあくまで「依頼」であるため、これによって必ずしも外部リンクを無視してくれるというわけではありません。
リンクの否認を行う必要があるのは、下記のような場合です。

・Googleウェブマスターツール（Google Search Console）に不自然なリンクの警告が届いた
・低品質なリンクが原因で順位が下落していることが明確である

リンクの否認は、本来、何か特別な事情がない限り使用する必要性がない施策です。上記のような事情でない限り、行うべきではありません。具体的には、「リンクスパム」や「リンクネットワーク」などが疑わしいかどうかを、一つの指標としてください。

「リンクスパム」とは、リンクを作為的に操作して、自分のWebサイトのコンテンツと無関係のWebサイトから多くのリンクを張るような不自然なリンクのことです。リンクが多いサイトは検索エンジンの検索順位ランクを上げやすいということを狙った方法です。こうしたリンクスパムが自分のあずかり知らぬところで行われていた場合、リンクの否認を行う必要があります。

また「リンクネットワーク」とは、任意のWebサイトにリンクを張るために組織化されたWebサイト群のことを指します。
例えば、この組織化されたサイト群から同じアンカーテキストを大量に張ると、一時的には効果が見られる場合もあります。しかし、リンクネットワークは、SEO目的（作為的）のためだけに、つまり、被リンク対策用のためだけに作られたリンク提供元のサイト群であり、ペナルティの対象となりとても危険です。

良質なリンクを多く獲得し、リンク全体を改善していくことで、必ずしもリンクの否認を行わなくても、ペナルティからの回復は可能です。
ただし、問題となっているリンクが判明しているのであれば、その際はやはり、否認の申請を行うことをおすすめします。

リンクの否認（非承認）ツールの使用方法

ここからは、具体的にツールの使用方法を解説していきます。まずは、否認（非承認）するURLのリストをテキストファイルで作成します。ファイルの内容は、下記のように、否認（非承認）したいURLを1行ごとに分けて書いていきます。
コメントを記述する場合は、最初に「#」をつけます。

```
ファイル(F)　編集(E)　書式(O)　表示(V)　ヘルプ(H)
#コメントを書きます
http://abc.com/
http://def.com/
```

リストを作成できたら、Googleウェブマスターツール（Google Search Console）の、下記のURLにアクセスします。
http://www.google.com/webmasters/tools/disavow-links-main

Google ウェブマスターツール（Google Search Console）に複数の Web サイトを登録している場合は、該当するサイトを選択し、「リンクの否認」をクリックします。

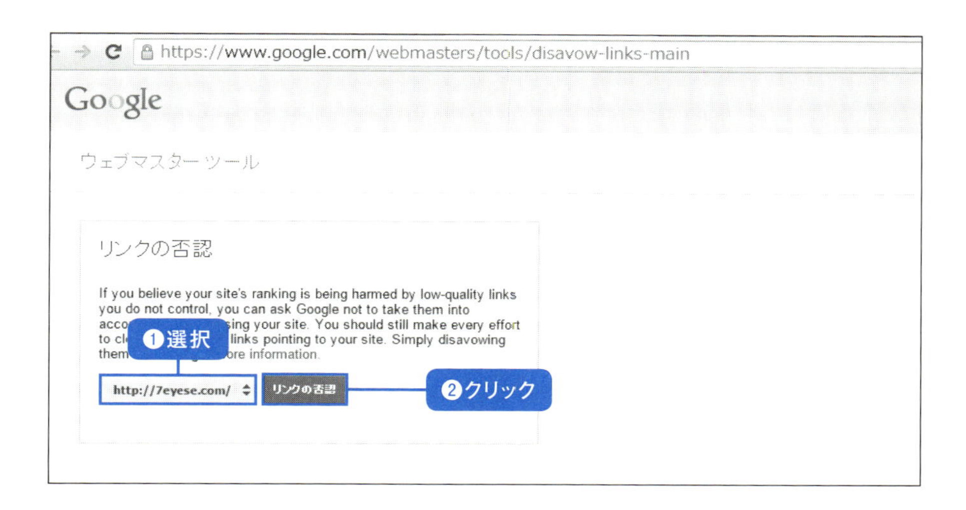

その後、指示通りに進んでいくと、下のようにファイルを選択する画面が出てきます。「ファイルを選択」をクリックして、先に作成したテキストファイルを選択します。

リンクの否認

これは高度な機能なので、慎重に使用する必要があります。使い方を間違えると、Google 検索結果でのサイトのパフォーマンスに悪影響が及ぶ可能性があります。ご自分のサイトに対して、スパム行為のあるリンク、人為的リンク、品質が低いリンクが数多くあり、それが問題を引き起こしていると確信した場合にのみ、サイトへのリンクを否認することをおすすめします。

否認するリンク**のみ**を含むテキスト ファイル（*.txt）をアップロードしてください。

ファイルを選択

送信　クリック

ファイルを選択できたら、「送信」をクリックします。

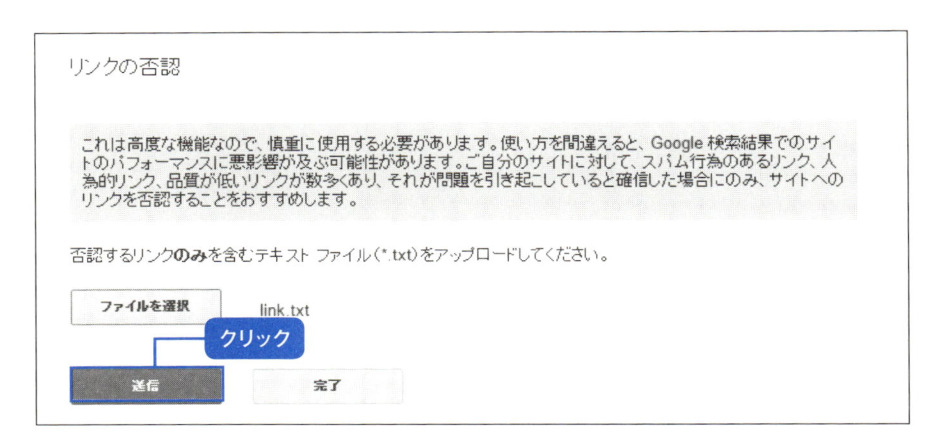

以上が、否認ツールの使い方でした。冒頭でも解説したように、安易に使用することのないよう、順位下落の要因を特定する際は、様々な角度から原因を診断するようにしてください。

COLUMN

ネガティブSEOについて

ここで、否認ツールを取り扱う上で関係深い、ネガティブ SEO について解説しておきます。ネガティブ SEO とは、あえて検索エンジンから嫌われるような施策を行うことです。その結果として、検索順位が下落することもあります。この手法が用いられるのは、多くの場合、競合サイトなど、あえて順位を下げるための手段としてです。例えば社会性が高いとされるサイトに、出会い系やポルノ系のようなジャンルの異なる外部リンクが大量に張られた場合、そのサイトは評価を下げ、一時的ではあっても順位を落としてしまうことがあります。ただし、Google はこのネガティブ SEO を判別し、防ぐことができるようなアルゴリズムを徐々に進化させています。そのため、まずは自サイト内部や関連サイトをきちんと調査の上、アルゴリズムに反していないかを確認し、「敵は己の内にあり」という気持ちを持って施策に取り組みましょう。

顧客思考トレーニング

- リンクの否認について理解しよう
- 否認（非承認）ツールの使用方法を知ろう

LESSON 40

Webサイトを頻繁に更新しよう

Webサイトの更新とSEO

Googleの発言の1つとして、「更新頻度による検索順位への関係性はない」と述べているようです。しかし、これを本当に額面通りに受け取ってよいものでしょうか？　コンテンツの性質によっても異なるため、一概にはいえませんが、Webサイトの品質を保っていく以上、更新が必要なケースの方が多いはずです。また、ユーザーは常に、新鮮な価値のある情報を求めています。この観点からも、

サイトを更新するという行為はユーザーの利益に適っている

と考えることができます。
Googleウェブマスターツール（Google Search Console）には、更新頻度について以下のような記載があります。

「役立つコンテンツを提供し、いつも最新の状態に保ちましょう。ウェブサイトはお店の店頭のようなものです。そう考えると、6か月も放っておくというのはあり得ないことです。ブログを開設したり、新商品やセール情報、特典の案内を掲載したりして、サイトをいつも最新の状態にしておきましょう。いつも顧客の立場から考え、顧客がほしいと思う情報を提供するようにしてください。」

ここに、Googleが考える「顧客思考」のイメージを見て取ることができます。もちろん、「サイトをいつも最新の状態に」しておくことというのは、あくまでも良質なコンテンツの追加や維持を行うことです。単にページを増やせばよいということではありません。そして、良質なコンテンツを増やした結果、ページが検索エンジンにインデックスされ、検索順位にも少なからずその結果が反映されます。ロングテールと呼ばれる様々なキーワードからの流入も期待できます。

また、ユーザーの再訪という観点でも、サイトの更新作業は重要です。ユーザーに再訪をうながすために必要なことは、「情報が更新されること」が主となる場合が多いからです。情報が更新されず、目新しいものがなければ、それは確認の意味以外では閲覧する理由はありません。

サイト更新によってリピーターを獲得することは、アクセス数の維持、またはアクセスアップにもつながっていきます。

更新頻度はサイト全体で考える

サイトの更新は、検索順位を気にしている特定のページでだけ行えばよいというわけではありません。「更新」とは、サイト全体の更新として定義されるものです。Webサイトの全体に渡って、意味のある、そして意義のある、良質なコンテンツを追加・メンテナンスしていく必要があります。

具体的には、

❶新しい記事の追加
❷古い記事の改変

の2通りの方法によって、サイトの更新を行っていきます。
結果、ユーザーの満足度を高め、Googleからの評価も高めることとなります。

最後に、再度念押しにて…質の伴う更新作業を行うようにしてください。

顧客思考トレーニング

- □ Webサイトの更新頻度を上げよう
- □ 良質なコンテンツの追加・維持を図ろう
- □ Webサイト全体の更新頻度を考えよう

LESSON 41

404エラーページを用意しよう

404エラーへの対応

ユーザー目線で考えた時に必要となるのが、404エラーページへの対応です。Webサイトを訪問したユーザーが

・リンク切れしたリンクをたどってしまう
・間違ったURLを入力してしまう

ことは、大いに考えられることです。その結果、ユーザーは存在しないページを訪れてしまいます。その際、何のヒントも表示されなければ、ユーザーは戸惑い、次に何をなすべきかわからず、離脱してしまうかもしれません。

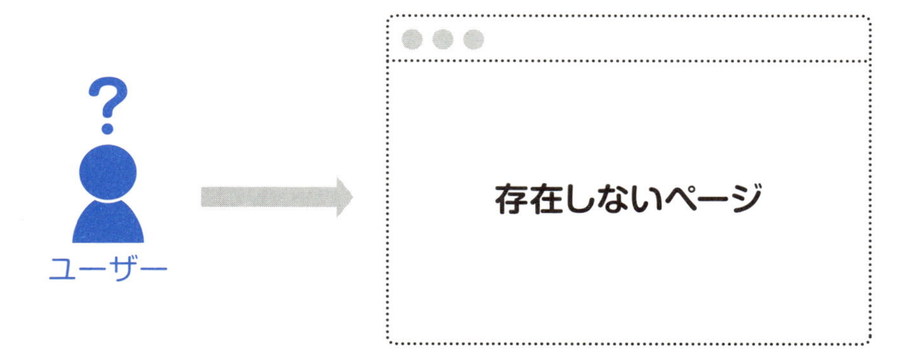

このような場合、ユーザーをきちんとしたページに導くために、

❶他のページと同じデザインで、一目でエラーと判別できるような404エラーページを作成する
❷「TOPページへ戻る」など、正規のページへ戻れるリンクをページ内部に作成する
❸検索ウィジェットを活用する

といった作業を行うことで、存在しないページにアクセスしたユーザーをTOPページなど本来のページへと誘導し、結果、ユーザーの利便性を高めることができます。

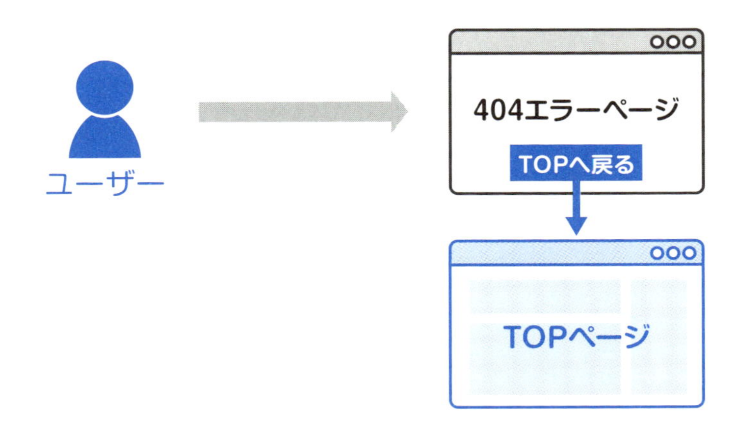

また、Webサイトの他のページと同様のデザインを404エラーページにも使用することで、いまだ同じWebサイト内にいることも理解してもらえます。

404エラーページを用意するには、ページ自体の作成が必要です。次ページのようなページを参考に、トップページなど、正規のページへ戻るためのリンクを張っておきます。

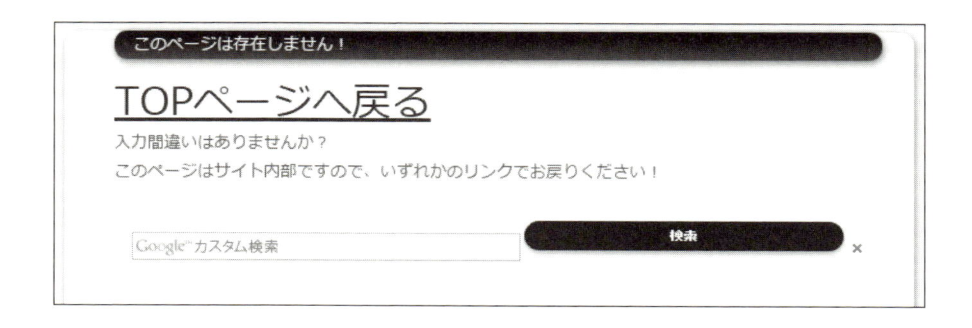

その上で、.htaccessに下記のような記述を行うことで、404エラーが発生した際には最上階層にある「error.html」を表示するよう、指示を行うことができます（P.132参照）。

```
ErrorDocument 404 /error.html
```

なお、ファイルサイズが512バイトを超えていない場合、Internet Explorerでは独自のエラーが表示されるため、ご注意ください。

.htaccessの記述に慣れていない方は、以下のサイトを利用してみるのもよいでしょう。作成したエラーページのURLを入力すると、.htaccessを自動で作成してくれます。

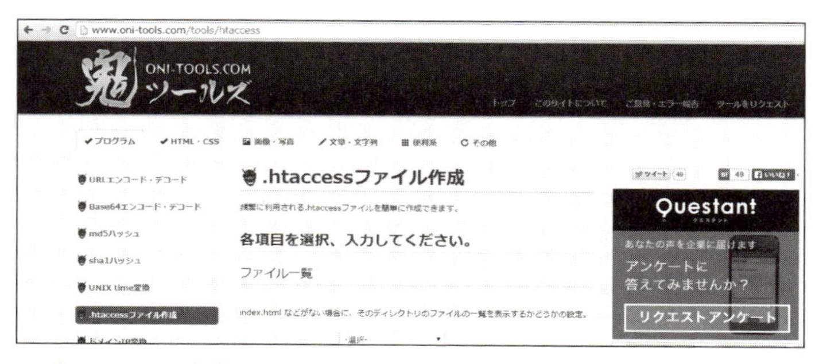

●鬼ツールズ「.htaccessファイル作成」
http://www.oni-tools.com/tools/htaccess

404エラーページのインデックス回避

作成した404エラーページは、検索エンジンにインデックスされないようにする必要があります。

404エラーページは、そのURLが存在しないことを表すためのページです。従って、ユーザーに対して直接的な価値を与えるページではないため、検索結果に表示される必要はないのです。

そこで、404エラーページのhead内部に、次の1文を記述します。

```
<meta name="robots" content="noindex">
```

これにより、404エラーページが検索エンジンにインデックスされないよう、依頼を行うことができます。

またその他の予防策として、他のページやサイトからリンクを張らないよう、注意が必要です。この「リンク」のことまでを考慮した際、robots.txtの使用では完全とはいえませんので、注意が必要です。

顧客思考トレーニング

- 404エラーページによってユーザビリティを高めよう
- 正規のページへ戻るリンクを用意しよう
- 404エラーページのインデックス削除を依頼しよう

LESSON 42 インデックス促進作業を行おう

インデックスとは何か

ここで、あらためてインデックスについて解説を行います。インデックスとは、Googleのクローラが収集したWebページデータが、検索エンジン内の検索結果リストに格納されることですが、これが前提で、検索結果に表示されることとなります。反対に、インデックスされていないと検索結果には表示されません。

インデックス数が多いサイトは、Googleが認識しているページ数が多いということになり、コンテンツ力として、SEO上有利となる場合が多く、ロングテールを狙う上でも価値のあることです。

ただし、以前に比べてページの「質」が重要視される傾向になってきていることから、ただ単にページを量産し、インデックスさせることだけにとらわれすぎないよう注意が必要です。低品質とGoogleに判断されたページの場合、インデックスされないこともあります。

インデックスされたページは、検索ボックスに「site:ドメイン」を入力すると、一覧表示できます（site:URLでも大丈夫です）。また、インデックスされた総数も表示されます。

Googleに頻繁なインデックスを促すための施策として、次のようなものがあります。

❶更新頻度を高くする
❷サイトマップを送信する
❸インデックスを申請する

❶については、P.225ですでに解説した通りです。ページの更新頻度を高くすることで、そのページが常にアクティブな、「生きたページ」であることがGoogleに評価されれば、積極的なクロールの対象になります。

❷については、次節でその方法をご説明します。

ここでは、Googleウェブマスターツール（Google Search Console）に搭載されている「Fetch as Google」を用いて、❸のインデックスを促進するための施策をご紹介します。

Fetch as Googleを利用する

Fetch as Googleは、開設したばかりのWebページなど、まだGoogleに認知されていないWebサイトなどで、「このURLを登録してほしい」とGoogleに申請するためのツールです。
通常、Googleは常時Webサイトを巡回・収集しているため、特に問題がなければ、いずれインデックスが行われます。運営を始めてそれなりの月日が経っているサイトであれば、大きな改変がない限り、あえてFetch as Googleを使って申請する必要はありません。その意味で、Fetch as Googleはあくまで補助的なツールであるといえます。

ここで、Fetch as Googleを使った方がよいシチュエーションは、以下の通りです。

・新規でアップしたページ
・titleタグなどページの重要部分やコンテンツが大幅に変更されたページ

なお、想定以上に登録が遅い場合は、単にクロールされていないことが原因ではなく、その他の要因も少なからず考えられます。想定していたよりもインデックスに時間が掛かるような場合は、次の事柄を見直しておきましょう。

❶リンク階層を浅くする（P.63参照）
❷リンク切れをなくす（P.148参照）
❸ソースコードにエラーがないかを確認する（P.143参照）
❹被リンクを併用する（外部対策）（P.204参照）

なお、上記でも効果を得られなかった場合は、ディレクトリ階層を必要以上に深くし過ぎていないか、確認してみましょう（P.85参照）。

インデックスを申請する

Fetch as Googleを使って、インデックスしてもらいたいURLを申請する方法は以下の通りです。

Googleウェブマスターツール（Google Search Console）へログインし、「クロール」→「Fetch as Google」の順にクリックします。申請したいURLを入力し、「取得をしてレンダリング」をクリックします。

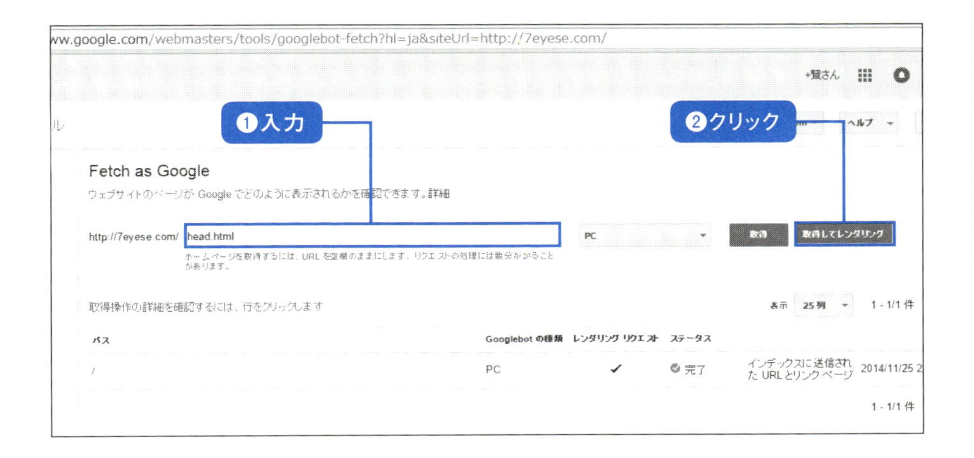

「インデックスに送信」をクリックします。

最後にポップアップ画面でラジオボタンを選択の上、「送信」をクリックします。おすすめは、「この URL と直接リンクをクロールする」です。

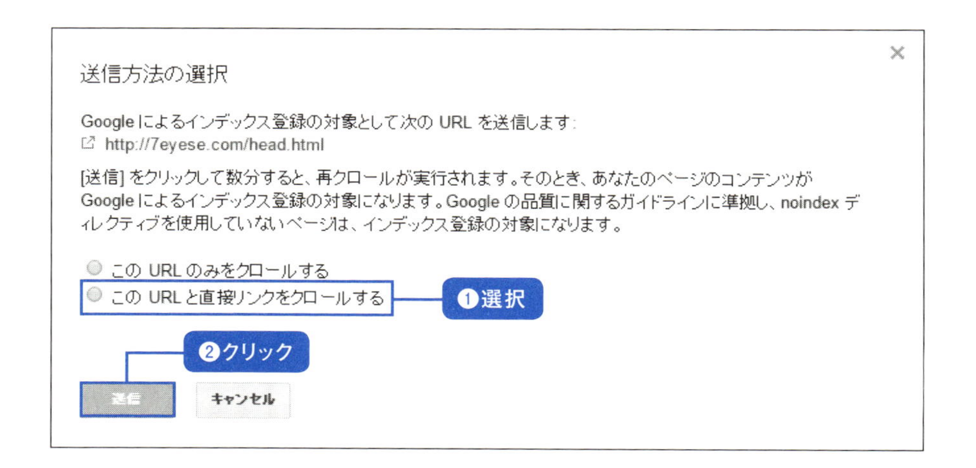

これで、インデックスしてもらいたい URL を Google に送信することができました。

顧客思考トレーニング

- インデックスのしくみを理解しよう
- インデックスの状況を調べよう
- インデックスを申請しよう

LESSON 43

XMLサイトマップとRSS/Atomフィードを作成しよう

XMLサイトマップとRSS/Atomについて

XMLサイトマップは、サイト内のウェブページ一覧を記した、検索エンジン向けのファイルです。このファイルをGoogleに送信することで、クローラが効率的にサイト内に存在するURLを発見することができます。

なお、このXMLサイトマップは、ユーザー向けにページの一覧を記述したhtmlで作成するサイトマップのページとは異なります。ユーザーが目次として利用するためのサイトマップページとは別に、検索エンジンにサイトのページ構成を伝えることを目的として作成する必要があります。

XMLサイトマップには通常、Googleにクロール・インデックスさせたいURLをすべて記述しますが、その分サイズが大きくなります。そこでGoogleは、最適なクロールを行うために、XMLサイトマップだけでなく、RSS/Atomフィードを併用することをすすめています。
RSS/Atomフィードには最新の更新情報が優先的に抜粋されるため、Googleは旧来の情報との差分を知ることができます。またファイルサイズが小さいため、Googleが読み込む際の負担も軽減されます。

XMLサイトマップによって、Googleはサイト内のすべてのページに関する情報を取得することができ、RSS/Atomフィードによって、サイト内の更新情報を取得することができます。

この両者のおかげで、Googleはインデックス中のコンテンツ全体をきちんと把握することが可能になります。以下の例は、「Googleウェブマスター向け公式ブログ」に掲載されているものとなります。

【XMLサイトマップの例】

```
<?xml version="1.0" encoding="utf-8"?>
<urlset xmlns="http://www.sitemaps.org/schemas/
sitemap/0.9">
  <url>
      <loc>http://example.com/mypage</loc>
      <lastmod>2011-06-27T19:34:00+01:00</lastmod>
      <!-- optional additional tags -->
  </url>
  <url>
  ...
  </url>
</urlset>
```

【RSSフィードの例】

```
<?xml version="1.0" encoding="utf-8"?>
<rss>
  <channel>
      <!-- other tags -->
      <item>
          <!-- other tags -->
          <link>http://example.com/mypage</link>
          <pubDate>Mon, 27 Jun 2011 19:34:00 +0100</
pubDate>
      </item>
      <item>
        ...
      </item>
  </channel>
</rss>
```

【Atom フィードの例】

```
<?xml version="1.0" encoding="utf-8"?>
<feed xmlns="http://www.w3.org/2005/Atom">
  <!-- other tags -->
  <entry>
      <link href="http://example.com/mypage" />
      <updated>2011-06-27T19:34:00+01:00</updated>
      <!-- other tags -->
  </entry>
  <entry>
      ...
  </entry>
</feed>
```

XMLサイトマップ作成ツールと注意点

XMLサイトマップの作成は手入力でも行えますが、面倒です。そこで、サイトマップ作成において活用できるサイトを、以下に紹介します。場合によっては、若干の記述変更の必要があるかもしれませんが、補助ツールとしては十分に活用できます。

● XMLサイトマップの作成

「XML-Sitemaps.com」 https://www.xml-sitemaps.com/

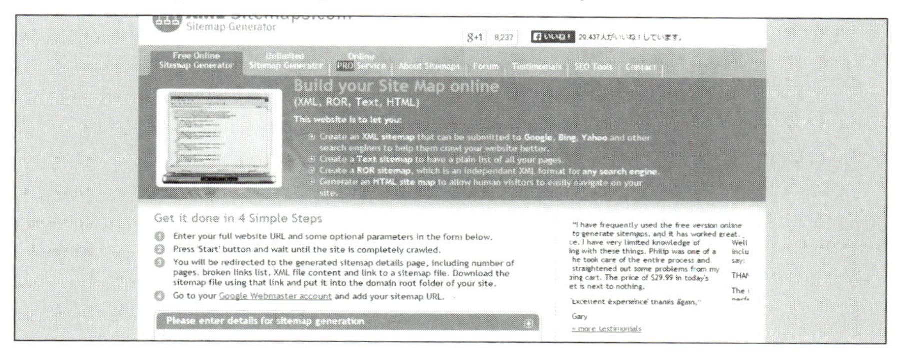

● RSS または Atom の作成

「Fumy RSS & Atom Maker」 http://www.nishishi.com/soft/rssmaker/

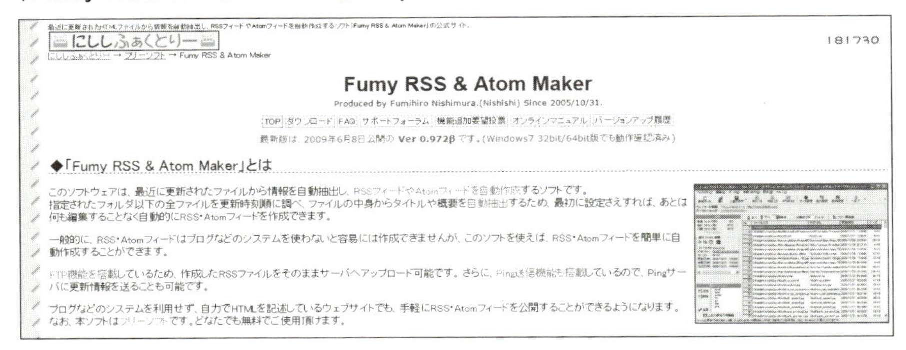

また XML サイトマップを記述する上では、下記の点に注意が必要です。

❶ robots.txt によって Google からのアクセスを禁止している URL や、存在しない URL を指定してはいけません。その他、404 Not Found の URL も指定する必要はありません。

❷正規 URL であることが必要です。同一ページに割り振られた、複数の URL を指定してはいけません。

「正規 URL」とは、ネットショップの商品ページなど、同一内容のページが複数の URL で存在する場合に、いずれかの URL を正規の URL として定義したもののことをいいます。

正規 URL を定義する方法については、P.200 を参照してください。

XMLサイトマップとフィードを送信する

作成したXMLサイトマップやフィード（RSSまたはAtom）をサーバにアップロードします。

次に、Googleにサイトマップを認識させます。Googleウェブマスターツール（Google Search Console）で「クロール」→「サイトマップ」をクリックし、右上の「サイトマップの追加/テスト」をクリックします。入力覧にXMLサイトマップやフィード（RSSフィード）のファイル名を入力し、「サイトマップを送信」をクリックします。

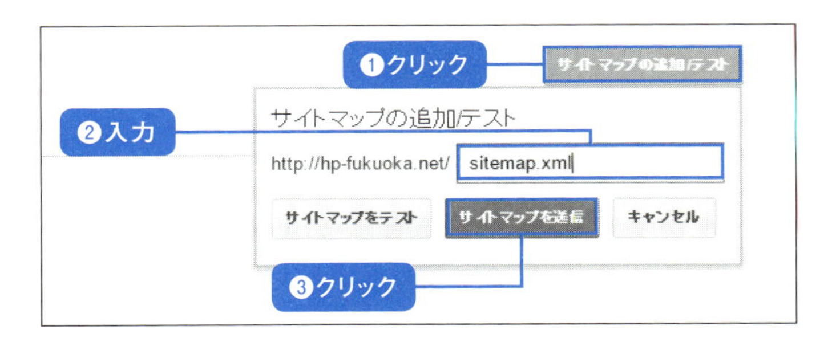

サイトマップが送信されると、下記のような画面が表示され、「サイトマップを送信しました。」という表示を確認できます。

サイトマップ
サイトマップを送信しました。 ページを更新する。 閉じる
自分のサイトマップ(0) 合計(1件)
このサイトのサイトマップは送信されていません。

ページを更新すると、サイトマップが認識されたことを確認できます。

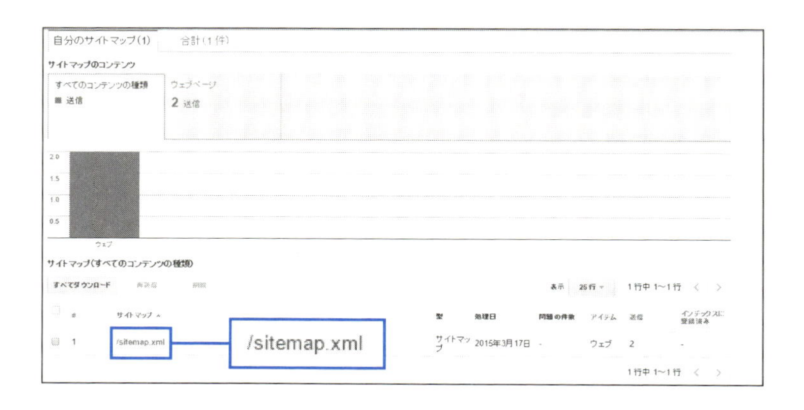

同様に、フィードの送信もきちんと行いましょう。

最後に、RSS フィードを送信したら、次の「RSS Auto-Discovery」を head 内に記述しておくことで、RSS フィードの場所が明示され、ユーザーにも親切です。

・RSS Auto-Discovery の例（RSS フィード）

```
<link rel="alternate" type="application/rss+xml"
title="RSS フィードのタイトル" href="RSS フィードの URL">
```

顧客思考トレーニング

- XML サイトマップを作成・送信しよう
- RSS/Atom フィードを作成・送信しよう
- サイトマップ作成ツールを活用しよう
- RSS Auto-Discovery を記述しよう

LESSON 44

重要な画像をサイトマップに登録しよう

画像情報の登録

sitemap.xmlの作成時、インデックスに登録してほしい画像情報をサイトマップに追加することで、Googleに画像のインデックスを促すことができます。

特にGoogle画像検索などにも表示させたいような画像は、HTML側のimgで記述するようにし、加えて、sitemap.xml内部にも記述しましょう。

サイト上の画像に関する情報をGoogleに提供するには、XMLサイトマップに画像固有のタグを追加する必要があります。
サイトマップに挙げたURLごとに、そのページ上の重要な画像に関する情報を追加していきます。

以下の例では、2つの画像があるURL（http://example.com/sample.html）について、画像情報をサイトマップに登録しています。

・ウェブマスターツールヘルプ参照

```
<?xml version="1.0" encoding="UTF-8"?>
  <urlset xmlns="http://www.sitemaps.org/schemas/
sitemap/0.9"
    xmlns:image="http://www.google.com/schemas/sitemap-
image/1.1">
```

```
  <url>
      <loc>http://example.com/sample.html</loc>
      <image:image>
          <image:loc>http://example.com/image.jpg</
image:loc>
      </image:image>
      <image:image>
          <image:loc>http://example.com/photo.jpg</
image:loc>
      </image:image>
  </url>
</urlset>
```

画像に関する部分を抽出すると、

```
<image:image>
  <image:loc> 画像の絶対パス </image:loc>
</image:image>
```

で、画像を指定しています。

上記の例の構文アウトラインを使えば、URL ごとに最大 1,000 個の画像を指定できると、Google が規定しています（https://support.google.com/webmasters/answer/178636?hl=ja）。

顧客思考トレーニング

- 画像に関する情報を Google に提供しよう
- 画像検索に表示させたい画像を指定しよう
- 検出が難しい画像を指定しよう

LESSON 45

robots.txtでクロールを制御しよう

SEO対策とクロール制御の関わり

ページのクロール数は、各々のWebサイトで異なっています。ここで、とあるサイトにおけるクロール統計情報の例を示します。

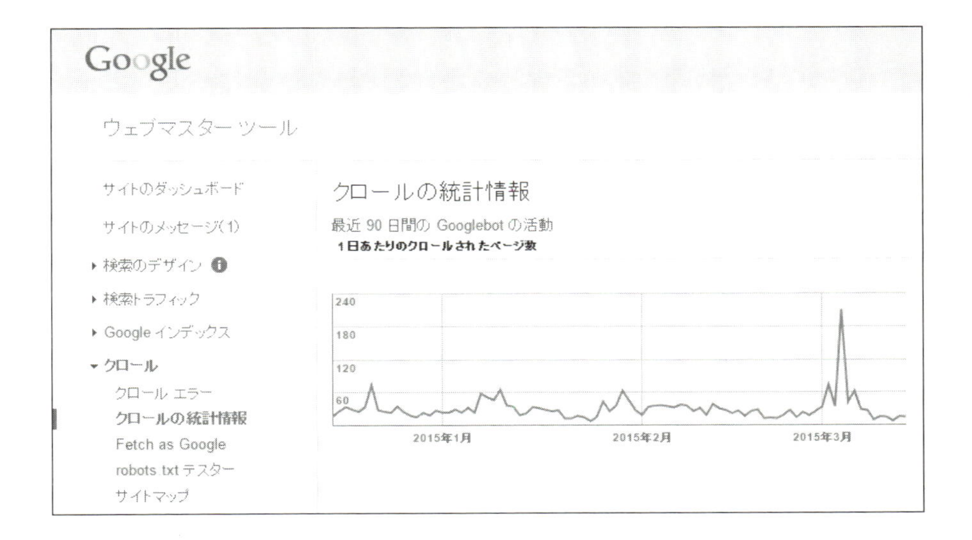

このように、Googleのクロール数は日々波があり、各サイトごとにその数も異なっているようです。これは、サイトごとにGoogleが判断した上で、クロールするページ数を決定しているためです。

また、インデックスの際は数だけでなく、同時にその質・中身も問われています。例えば、無関係な情報や重複コンテンツのようなものが多いと、全体としての質が損なわれ、Googleからの評価を落とす要因になります。いかに良質なコンテンツのインデックス数を増やすかが、重要な施策の一つとなっているのです。

つまり、有限であるクロール数（資源）の中で、

検索エンジンに対していかに重要コンテンツを巡回の上、認識してもらえるか

の改善が重要です。今回は、そのために重要となる、サイト内のページを制御する方法について解説していきます。

なお、ここで紹介する方法のほかに、P.132で解説した.htaccessによって制御を行う方法もありますが、クロール制御はrobots.txtで、その他のサイト内に関係するものは、一般的に.htaccessやPHP、HTML内部などで制御します。

robots.txtによるアクセス拒否

ここでは、robots.txtというテキストファイルをサーバーに設置し、対象ページに対し、クローラの巡回制御を行う方法をご紹介します。これは、アクセスを制限するページをrobots.txt内部に記述の上、アップロードすることで、結果的にGoogleがインデックスできないようにする、という方法です。

robots.txtによるアクセス拒否を活用するべきページとしては、以下のようなものが挙げられます。

- **ユーザーにとって価値のないページ**
- **ショッピングカート**
- **お問い合わせ後のサンクスページ**

他にもあると思いますが、検索結果に掲載されると困る、または意味がないページに対して利用していきます。

robots.txtによるアクセス拒否に、Googleのロボットはおおむね従いますが、他の検索エンジンにおいては、必ずしも強制力があるというわけではありません。「強制」ではなく、「依頼」に近いと考えておくべきでしょう。そのため、機密情報の保護などには使用するべきではありません。

なお、robots.txtでアクセス制限を行ったにも関わらず、Googleによってインデックスされ、検索結果にURLが表示されてしまう場合があります。これは他のサイトから該当するURLが参照され、それがGoogleにインデックスされたことが原因として考えられます。
このような場合は、後ほどご説明する、ページ単位での制御をおすすめします。

Search Consoleヘルプには、robots.txtの「限界を理解する」、「指示はディレクティブのみ」と書かれていますが、様々な条件を想定する中で、robots.txt内部の記述に必ずしも従うとは限りませんので注意が必要です。

robots.txtの設置方法

robots.txt は、テキストファイルとして作成し、アクセスを制限したいページのあるディレクトリなどを指定します。例えば下記のような記述の場合、「secret」フォルダ内のすべてのファイルにアクセスしない、という指示になります。

```
User-agent: *
Disallow: /secret/
```

ここで、ディレクトリ名の大文字や小文字等、指定に間違いがないかをしっかりと確認しましょう。仮に間違っていると、別のディレクトリとして認識されてしまいます。

作成した robots.txt は、サイトのトップ階層にあたるディレクトリにアップロードします。悪い例のように、「home」というサブディレクトリに保存したのでは効果はありません。

○よい例　http://abc.com/robots.txt
×悪い例　http://abc.com/home/robots.txt

robots metaタグ

先に説明したように、アクセスを制限したはずのページの URL がどこかほかのページからリンクされていると、それを頼りに、検索エンジンにインデックスされてしまう可能性があります。そのような場合に備え、アクセスを制限したいページの head 要素内に robots meta タグを記載することで、ページ単位での制御を行うことが可能です。
robots meta タグには様々な内容のものがありますが、その代表的なものがこちらです。

```
<meta name="robots" content="noindex,nofollow" />
```

これは、検索結果にこのページを表示しないようにする、そして、ページのリンクを巡回しないようにするという意味です。

Google のロボットが noindex メタタグを検出すると、そのページは Google 検索の検索結果から完全に削除されます。他の Web サイトからそのページにリンクが張られていた場合も同様です。

robots meta タグを記載する上での注意点は、以下の通りです。

1 robots.txt のブロックと併用しない

robots.txt の Disallow: で指定したページ内に <meta name=" robots" content=" noindex,nofollow" /> を記述しても、そもそもこのページ自体にアクセスできず読み込めないことから、タグを認識できません。

2 通常の閲覧してほしいサイトには記述不要

通常のアクセス許可のサイトに、あえて「アクセス許可」のタグを記載する必要はありません。デフォルトで"許可された状態"なので、記述する必要はないのです。下の記述はどちらも「すべて許可」の意味ですが、コード自体が不要です。

```
<meta name="robots" content="index, follow" />
<meta name="robots" content="all" />
```

上記の記述、ファイルサイズが大きくなる、head タグ内を不要なものが占有するといったデメリットがあるため、SEO の観点からは削除するべきです。

なお、Googlebot が noindex メタタグを見落とす可能性もないとは言い切れません。noindex を指定したにもかかわらず、引き続き検索結果にページが表示されてしまう場合は、Fetch as Google （P.234）を使って、ページを再スクロールしてもらいます。

今回のお話は、検索結果に表示したくないページがある、または、ある程度の規模の Web サイトに限ったものです。通常の企業サイト等においては、使用する機会はほとんどありません。
しかし、ページ数が 500 〜数千と膨れ上がってきた場合には、クロールリソースは有限であるという考えをもとに、無駄にしないという工夫が必要かもしれません。

顧客思考トレーニング

- クロール制御の重要性を知ろう
- robots.txt でアクセスを制限しよう
- robots meta タグでページ単位の制御をしよう

第7章

「スマホ対応サイト」のSEO顧客思考を考える

昨今、スマートフォンからのネット閲覧数増加に伴い、「スマホに対応したサイト」が求められるようになりました。
時代背景やユーザー数などの傾向から鑑みると、今後、Googleの検索アルゴリズムにおいて重要なポジションを占める可能性が十分にあると断言できます。
つまり、サイト制作の基軸が、変わりつつあるということです。
このように時代が移り変わる中で、「顧客思考」の流れの変化についてアンテナを張り巡らせ、早期にキャッチすることが求められています。

モバイルフレンドリーを意識しよう

アルゴリズムにモバイル対応が加わる

2015年2月、Googleより大きな発表がありました。
それが、スマートフォンからサイトを閲覧した際に、モバイルでの表示に対応しているか否かを、検索順位のランキングを決定する要因として使用し始めるという内容のものです。これは

モバイルフレンドリー

と呼ばれ、SEOに大きなインパクトを与えるものとして話題になりました。

また2014年11月頃から、Googleのスマートフォンでの検索結果において、「スマホ対応」というラベルが表示されるようになりました。
このことは、Googleによるウェブマスター向け公式ブログで、正式に発表されています。

検索ユーザーがモバイル フレンドリー ページを見つけやすくするために

Posted: 2014年11月19日水曜日　g+1 155　Tweet 166　いいね！

スマートフォンなどの携帯端末で Google の検索結果をタップした時、表示されたページのテキストが細かすぎたり、リンクの表示が小さかったり、またはすべてのコンテンツを見るには横にスクロールしなければならなかったりといった経験はありませんか？これは主に、ウェブサイトが携帯端末での表示に最適化されていないことが原因です。

この問題はモバイル検索ユーザーの利便性を妨げることになります。そこで本日 Google では、ユーザーが目的の情報をより簡単に見つけることができるようにするために、モバイル版の検索結果に [スマホ対応] というラベルを追加します。

加えて、Googleから、警告とも取れるようなメールが届くようになりました。
Googleウェブマスターツールに登録しているサイトの中で、スマートフォンに対応していないサイトの管理者宛てにメールが届くことになっているようです。

> http://*****.com/ のウェブマスター様
>
> Google のシステムは、貴サイトの 88 ページをテストし、そのうちの 94% に重大なモバイルユーザビリティ上の問題を検出しました。この 83 ページの問題の影響で、モバイルユーザーは貴サイトを十分に表示して楽しむことができません。これらのページは Google 検索でモバイルフレンドリーとは見なされないため、スマートフォンユーザーにはそのように表示、ランク付けされます。

メールでは、この文面の後に「この問題の修正方法」として、

❶問題のあるページを特定する
❷モバイルフレンドリーなページを作成する
❸モバイルフレンドリーなページに修正する

の3項目の観点から、「モバイルの問題を調べる」というリンクが張られています。

こうしたことから、今後はスマートフォンでの表示に対応しているサイトが優位性を持つことができる、ということを念頭に置き、特に新規でサイトを作成する場合は、「モバイルファースト」という概念の下、スマートフォン対応のページレイアウトを構築していく必要があります。

「スマホ対応」ラベルを表示させるための施策

前述のように、Googleはスマートフォンでの検索結果に、「スマホ対応」と表示するようになりました。
自社サイトが検索されたときに「スマホ対応」ラベルが表示されれば、そのサイトはモバイルフレンドリーであると判定されたことになります。

ここで、自社サイトがスマートフォン用ブラウザに対応しているかどうかの判断基準として活用できるのが、GoogleDevelopers内にあるモバイルフレンドリーテストです。

「http://www.google.com/webmasters/tools/mobile-friendly/」にアクセスし、URLを入力して、「分析」をクリックします。

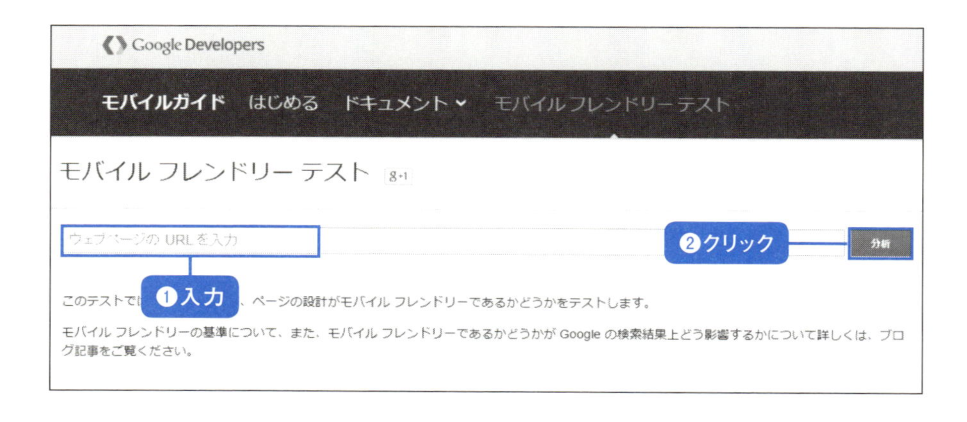

ここで、問題がない場合のスクリーンショットがこちらです。

Google Developers
モバイルガイド はじめる ドキュメント モバイル フレンドリー テスト
モバイル フレンドリー テスト
http://hp-fukuoka.net/
問題ありません。このページはモバイル フレンドリーです。
このページは Googlebot にどのように見えているか
モバイル フレンドリー
問題ありません。このページはモバイル フレンドリーです。
モバイルサイトについて詳しく
ルガイド または Web Fundam
則をご覧ください。
れだけのページがモバイルに対応しているかをご確認ください。
フィードバックを送信
テストで問題が発生した場合や、結果についてコメントや質問がある場合は、Google のディスカッション グループに投稿してください。
格安SEO対策でも効果絶大の
福岡7eyesへ

このように表示されれば、モバイルフレンドリーテストは合格です。

それに対して、モバイルフレンドリーテストで何らかの問題があった場合は、その改善内容を具体的に案内してもらえます。以下の画面が、問題があった場合のスクリーンショットです。

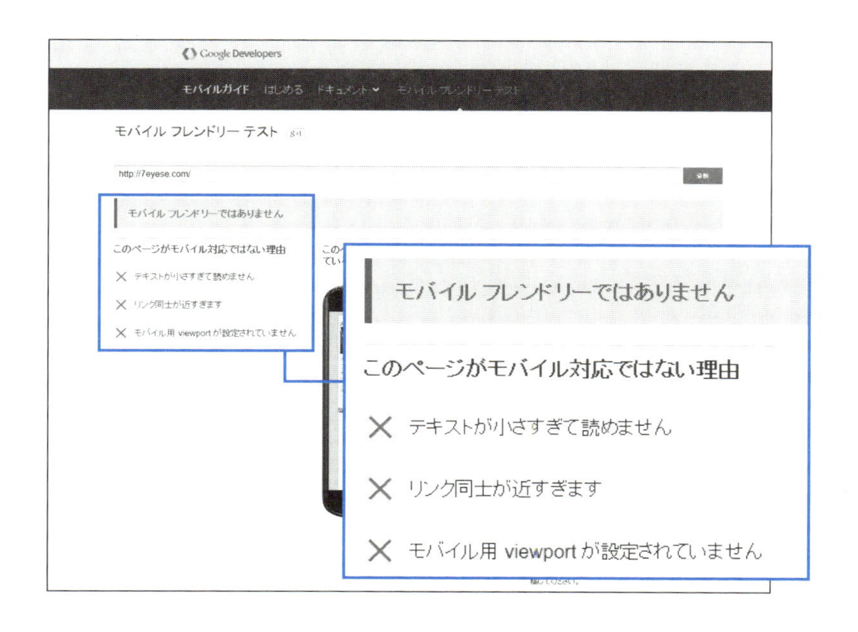

ここで指摘された訂正箇所を修正することで、モバイルフレンドリーへの改善が可能です。
なお、ラベルの適用条件として、Googleは次のような見解を述べています。

http://googlewebmastercentral-ja.blogspot.jp/2014/11/helping-users-find-mobile-friendly-pages.html

❶ Flashなど、携帯端末では一般的ではないソフトウェアは使用しない
❷ズームしなくても判読できるテキストを使用している
❸横スクロール等をしなくてよいよう、画面サイズが一致している
❹タップしやすいよう、リンク間の距離が離れた状態で配置している

上記の条件に留意して、見やすい、そして使いやすいレイアウトに改善しましょう。

顧客思考トレーニング

- モバイルフレンドリーを意識しよう
- モバイルフレンドリーテストで問題を発見しよう
- 「スマホ対応」ラベルの適用条件を知ろう

LESSON 47 スマートフォン対応サイトの作成方法を知ろう

Googleが推奨するスマートフォン向けサイトの制作方法

Googleが認識できるスマートフォン向けサイトの制作方法には、次のようなものがあります。

①レスポンシブWebデザイン
→デバイスに関係なく、同じURL、HTMLを持っている

②動的配信
→デバイスに関係なく同じURLを持つが、異なるHTMLを持っている

③別サイトの作成
→デバイスごとに異なるURL、HTMLを持っている

これらの中で、Googleが特に推奨しているのが、①の方法です。
それは、①の方法が、デバイスに関わらず共通のHTML、URLを持っていることが理由となります。つまり、閲覧者の環境が変わっても情報は一切変わることがなく、同一であるということが利点となっているのです。
これらの項目について、詳しくは下記のURLを参照してください。

【参照URL】
https://developers.google.com/webmasters/mobile-sites/mobile-seo/overview/select-config?hl=ja

ただし、ひとつお断りしておきたいこととして、他の方法でNGというわけではありません。きちんとしたGoogleのガイドラインに基づいた施策を行えば、❷や❸の方法でも、不利になることはありません。
しかし、このことを鑑みた上でも、PC、モバイルに関わらず同じURL、HTMLを使用するということは、ユーザーによるシェアやリンクの容易さにもつながり、そのメリットは大きなものであるといえます。

よって、できる限りレスポンシブWebデザインでのサイト制作をおすすめします。

レスポンシブWebデザインについて

レスポンシブWebデザインとは、同一のHTMLファイルのコンテンツを、メディアクエリというCSSの機能を用いることによって、デバイスに応じたデザイン（見せ方）の変更を施して表示させる方法です。

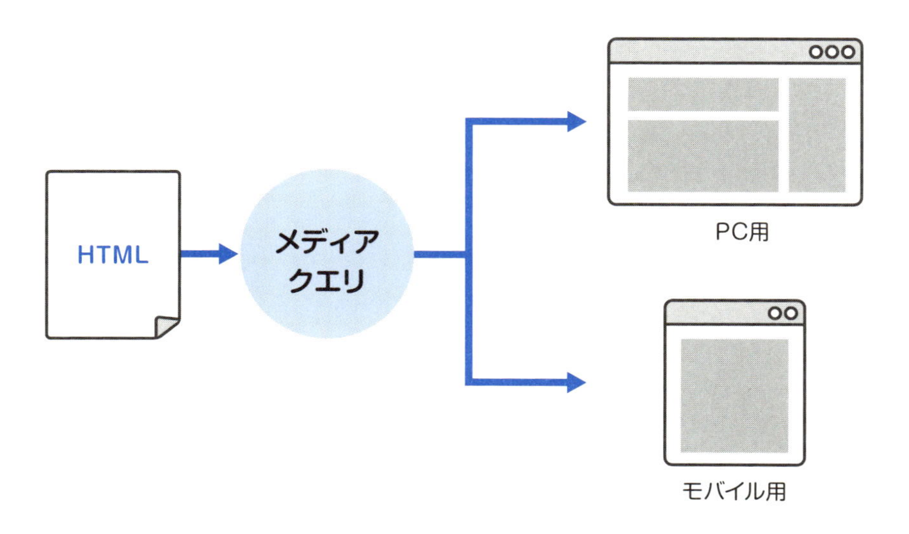

具体的な制作方法としては、次のように、PC版サイトを既に作成している場合、まずPC版のレイアウトを改変することから始め、その後微調整を行います。

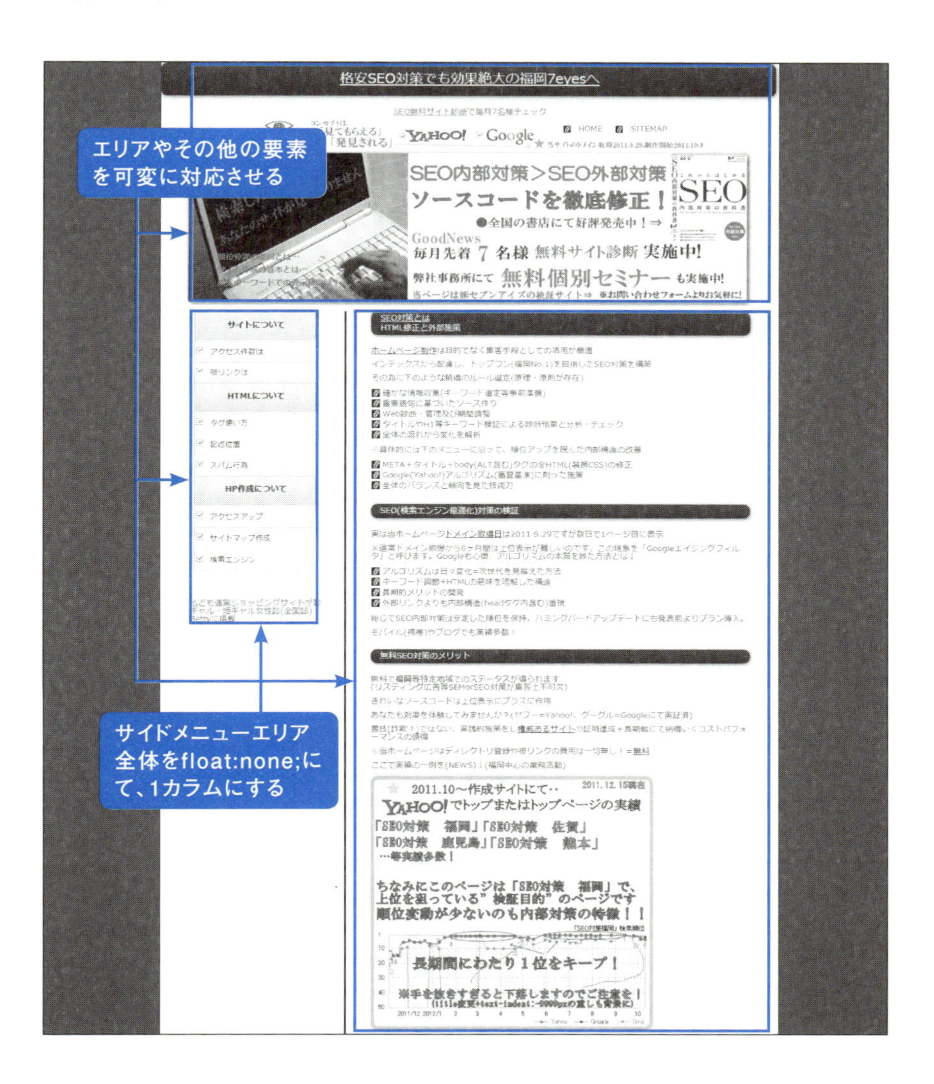

また、新規でサイトを制作する場合は、スマホ向けのページ作成から始め、それをPCでの表示に対応できるよう改変するのが、効率的な作業手順となります。

なお、上記のPC向けサイトでは、スマホのディスプレイの横幅に考慮し、2カラムを1カラムに変更した結果、次のようなレイアウトになります。

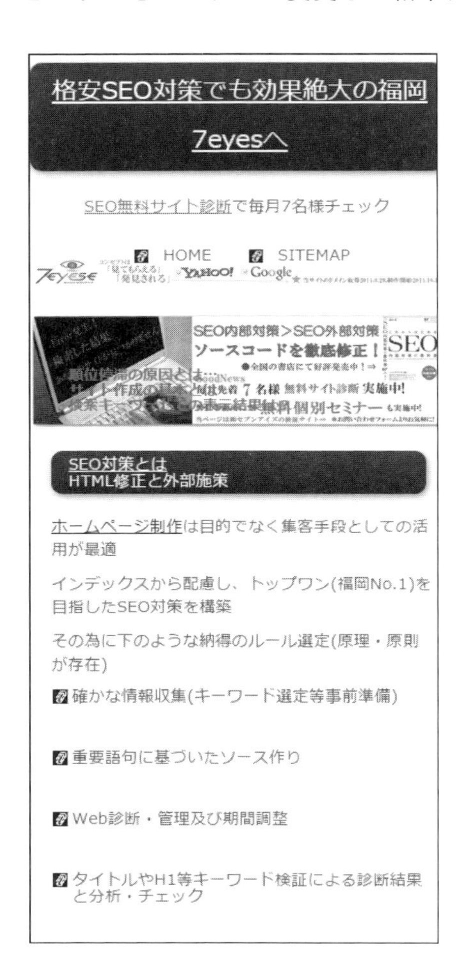

こうしたレイアウトを完成させるまでには、CSSの細かい微調整が必要となります。端末の種類によって変化する見栄えの調整など、従来の方法とは異なる制作工程を踏んでいくこととなります。

・これまでの制作方法

ページの画面設計→デザインカンプ→パーツ画像作成→コーディング→テスト→公開

・これからの制作方法

ページの画面設計→コーディング、検証、パーツ画像作成→最終テスト→公開

このように、ブラウザ上でコーディングしながらデザインしていきます。
詳細は、レスポンシブWebデザインに関する書籍をご参照ください。

viewportを記述する

ここで、SEO上の観点から、レスポンシブWebデザイン作成上、留意していただきたいことがあります。
まず、head内部に次の記述を加えます。

```
<meta name=viewport content="width=device-width, initial-
scale=1">
```

❶ ❷

これはviewport設定と呼ばれるもので、Googleも推奨している書き方となります。

【参照URL】

https://developers.google.com/speed/docs/insights/ConfigureViewport?hl=ja

viewportは、画面の表示方法を制御するためのmetaタグで、この記述があることによって、さまざまな端末に合わせてページの幅を拡大縮小できるようになります。

このうち❶ width=device-width は、「デバイスのスクリーン幅に合わせる」という意味になります。
また❷ initial-scale=1 は、最初の表示倍率のことです。これで、画面が横向きになった場合も、横向きの幅全体を利用できるようになります。

このようにユーザーエクスペリエンスの観点から、❶、❷を記述するようにしましょう（特に❷は重要です）。

PageSpeed Insightsで分析する

ここで、

❶ユーザーエクスペリエンス
❷表示速度

の２つの観点から、施策改善の結果を数値で確認してみましょう。
ここで、モバイルそのものの表示速度においても、ユーザーエクスペリエンスの観点から、アルゴリズムのひとつに加わることはまちがいありません。
Google が提供する「PageSpeed Insights」にアクセスしてください（「https://developers.google.com/speed/pagespeed/insights/?hl=ja」）。
検証方法は簡単です。入力覧に URL を入力し、「分析」をクリックします。これで、改善箇所と改善方法を、ピンポイントで教えてもらうことができます。

ここで、「http://hp-fukuoka.net/index_new_wide111.html」の検証・実験サイトを例に、分析を行ってみたいと思います。現在、サイトの状態はこのようになっているものとします。そして、スマートフォンサイトからの閲覧では、ユーザーエクスペリエンスの結果が大変悪いようです。

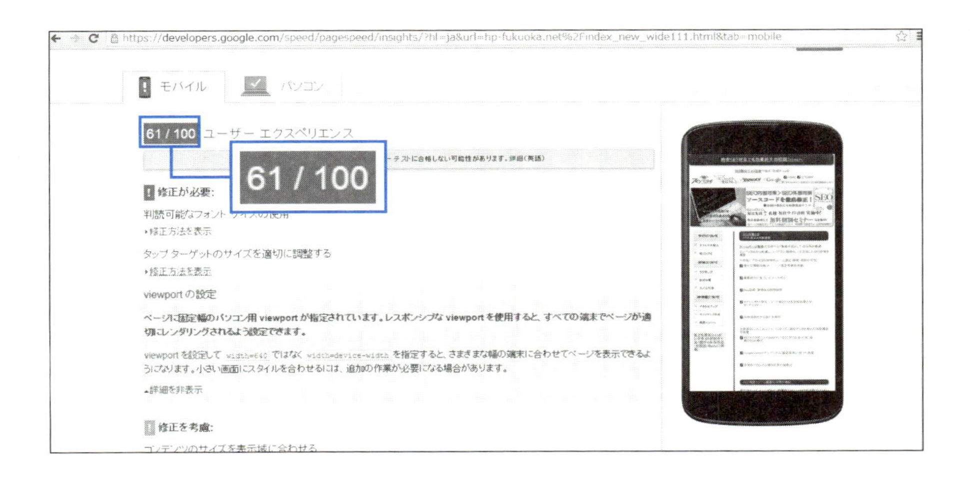

まず、「viewport の設定」の箇所を確認すると、画面の幅を「width=640」に固定していたことで、指摘を受けています。
これを改善命令の通りに「width=device-width」に訂正し、再度分析してみます。すると、次のような結果になりました。

「ユーザーエクスペリエンス」について 96 点と、かなり評価を上げることができました。
ここで、ユーザーエクスペリエンスについては高得点を得ることができましたが、同様に、速度の改善も指示通りに行っていきましょう。

なお、速度の改善手法はすでに解説しておりますので、❶～❹の項目については、以下のそれぞれのページをご参照ください。

❶スクロールせずに見えるコンテンツのレンダリングをブロックしている JavaScript/CSS を排除する（P.129）
❷ブラウザのキャッシュを活用する（P.132）
❸画像を最適化する（P.102）
❹CSS を縮小する（P.134）

いくつかの施策を試した結果、「速度」について88点と、高得点を得ることができました。

これで、速度、ユーザーエクスペリエンスともに、青表示の最高評価となりました。指示通りの改善を行っていけば、さらに点数は上がっていくでしょう。

このように、スマートフォンユーザーを意識して、今後注視していかなければならない施策が数多く存在します。

将来的には、こうしたスマートフォンサイトの評価が、PCサイトにおいても検索順位に影響を与えるようになる可能性も否めません。「モバイルファースト」という概念の下、早目の対応をおすすめします。

顧客思考トレーニング

- スマートフォン向けサイト制作方法を知ろう
- レスポンシブWebデザインを実践しよう
- 施策改善の結果を確認しよう

あとがき

本書の最後に、今後、SEOに取り組むうえで持っておいていただきたい概念である「3本の矢」について、解いていきたいと思います。それは、「目線」「軸」「バランス」です。この3つの要素が緊密に結びつくことではじめて、功を奏することができるものと、私自身実感しています。

①目線

例えば、コンテンツSEOという施策が注目を集めています。SEOはコンテンツの質で決まる！　と唱えている方もいますが、果たして、本当にそうなのでしょうか。個人的には、はるか遠い未来のことのように感じています。もちろん、Googleの理想や方向性は十分理解できるものの、「コンテンツの質を判断する」ということは、未来永劫、解決の難しいテーマとなることでしょう。なぜなら、こうした「質の定義」に対して、方程式や数値解析に基づいて明確な回答を出すことは、非常な困難を伴うからです。
Googleの評価基準において、コンテンツの質をどう判断するかは、多くの人の支持が反映されていることが、その条件となっています。そして、こうした多くの人の支持を理解するためにこそ、Googleの高度な技術が働いているわけです。それは、検索エンジンの現在の技術力が前提にあってはじめて、コンテンツの質というものが理解可能になるということです。つまり、コンテンツの質を求めるのであれば、それは「検索エンジンにとってのわかりやすい文章」であることが必須の条件になるということです。すべての判断の基盤には、Googleによるプログラムがあります。それに準じる内容のものが、もっともよいコンテンツ、ということになるのです。冒頭に戻りますが、コンテンツの質を追求する上で、美辞麗句を並べ立てた上品な文章よりも、検索エンジンの目線で理解しやすい文章を作る。これが、すぐれたコンテンツであるかどうかを決定する最大の要因となるのです。総じて、判断する相手が誰なのか？　その「目線」をきちんと意識することが重要です。

②軸

続いて、目線の背後にある「軸」について解いていきたいと思います。今やインターネットの軸は、PCからモバイルへと移り変わろうとしています。利用者数の拡大も背景にあり、今後、スマホ対応を行っていないWebサイトは、PC閲覧の順位においても下落する可能性が出てくると予想しています。なぜなら、スマートフォンは持っているが、PC は持っていないという方にとって、スマートフォンこそが、インターネットとの唯一の接点となるからです。ここでは、市場占有率に鑑みたトップシェアが、インターネットの軸≒標準となるべきなのです。つまり、「どこに合わせるのか」の基準は、市場がカギを握っているということです。今後時代が進むにつれ、モバイル市場がさらに加速していくこともあるでしょうし、あるいは、別の何かが浮上してくる可能性もあります。いずれにせよ、すべての判断は数（市場）を基軸におくべきであり、この考えなくしては、Google のサービスそのものの意義を問われることとなってしまいます。だからこそ、「軸」を意識することが重要なのです。

③バランス

アルゴリズムの数は、今後もきっと増え続けることでしょう。ここで、検索エンジンの判断を人間のレベルに近づけることを理想とするならば、現状においては多くの不足が生じています。なぜなら、人間の考えや価値判断は多用で繊細なものだからです。加えて、外部から内部へと軸が変わりつつあるように、その基準や傾斜配点も、今後様変わりしていくこととなるでしょう。このような状況下で重要なことは、Google の理想とする着地点を意識しながらも、考えられるすべての要素に気を配り、「トータルバランス」を念頭に施策するということです。可能ならば、先回りした施策も有効といえます。だからこそ、前述のコンテンツ分野ばかりではなく、ソースコードなど、制作の様々な分野での英知を結集させ、施策に取り組む必要性が、今後ますます増えていくことでしょう。身近にある事や物も「バランス」の上で成り立っているように、SEO においても、同様のことがあてはまるのです。

最後までお読みいただき、本当にありがとうございます。今回のテーマは、「思考」を基にした内容となっていますが、その実、身の回りの物事の原理をあてはめたにすぎません。すべての事象における原因と結果の間には、必然的な結びつきが存在するものです。
このことをご理解いただければ、今後の施策にきっと活かされるものと自信を持っていますし、私自身、本当にうれしく思います。
本書が皆様にとって、よいご縁となることを願っております！

瀧内　賢（たきうち　さとし）

索引

X～Z

あ行

か行

さ行

■著者紹介

株式会社セブンアイズ　代表取締役
瀧内　賢（たきうち　さとし）

HP: http://7eyese.com/
福岡大学理学部応用物理学科卒業
・All About　SEO・SEMを学ぶガイド(http://allabout.co.jp/gm/gp/1169/)
・SEO・SEMコンサルタント
・集客マーケティングプランナー
・Webクリエーター上級資格者

●趣味で始めた通販サイトが、雑誌（全国誌）に掲載される。この頃から、まずは「見てもらえるホームページづくり」がWebサイト制作の基礎であると、強く感じるようになる。その後、SEOに関わる様々な実験・検証を開始し、現在に至る。

著書：『これからはじめるSEO内部対策の教科書』（技術評論社）

●カバーデザイン　菊池祐（株式会社ライラック）
●本文デザイン／DTP　株式会社ライラック
●編集　大和田洋平

●技術評論社ホームページ

http://book.gihyo.jp/

●お問い合わせについて

本書の内容に関するご質問は、下記の宛先までFAXまたは書面にてお送りください。なお電話によるご質問、および本書に記載されている内容以外の事柄に関するご質問にはお答えできかねます。あらかじめご了承ください。

〒162-0846
新宿区市谷左内町21-13
株式会社技術評論社　書籍編集部
「これからはじめるSEO顧客思考の教科書」質問係
FAX番号　03-3513-6167

なお、ご質問の際に記載いただいた個人情報は、ご質問の返答以外の目的には使用いたしません。また、ご質問の返答後は速やかに破棄させていただきます。

これからはじめる SEO顧客思考の教科書

～ユーザー重視のWebサイトを5つの視点で実現する

2015年8月25日　初版　第1刷発行

著者　瀧内 賢
発行者　片岡巌
発行所　株式会社技術評論社
東京都新宿区市谷左内町21-13
電話　03-3513-6150　販売促進部
03-3513-6160　書籍編集部
印刷／製本　昭和情報プロセス株式会社

定価はカバーに表示してあります。

ISBN978-4-7741-7449-5　C3055
Printed in Japan